L'Histoire de la Terre

OUVRAGES DU MÊME AUTEUR

A la Librairie Armand Colin :

La Science géologique. 1 vol. grand in-8. . . . . 20 »

Géologie pratique. 1 vol in-18 jésus 3 50

A la Librairie Ch. Béranger :

Gîtes minéraux et métallifères. (En coll. avec E. Fuchs).
2 vol. in-8. 60 »

Les Mines d'or du Transvaal. 1 vol. in-8. . . . . 15 »

Les Diamants du Cap. 1 vol. in-8 . . . . 10 »

Traité des Sources thermo-minérales. 1 vol in-8 . . . 25 »

Les richesses minérales de l'Afrique. 1 vol. in-8 . . . 20 »

A la Librairie Gauthier-Villars :

Formation des gîtes métallifères, ou Métallogénie.
2ᵉ édition. 1 vol. in-16 . . . . 3 50

A la Librairie Édouard Cornély :

Chez les Grecs de Turquie, Mytilène, etc. 1 vol. in-8.   4 »

Bibliothèque de Philosophie scientifique

L'Histoire de la Terre

PAR

L. DE LAUNAY

PROFESSEUR A L'ÉCOLE SUPÉRIEURE DES MINES

PARIS

ERNEST FLAMMARION, ÉDITEUR

26, RUE RACINE, 26

—

1908

L'HISTOIRE DE LA TERRE

CHAPITRE PREMIER

L'histoire des théories géologiques.

L'histoire de la Terre, son intérêt, son rôle intermédiaire entre
les sciences historiques et les sciences physiques. — Les tendances opposées de l'esprit humain : actualisme, catastrophisme et évolutionisme ; leur rapport intime avec toutes
les opinions philosophiques, religieuses et scientifiques ; le
caractère peut-être atavique des deux dernières et leur combinaison dans les systèmes religieux des grecs et des
hébreux. — Le triomphe alternatif de ces trois théories dans
l'histoire des idées géologiques. — Évolutionisme de Babylone, d'Héraclite, des pythagoriciens. — Catastrophisme des
religions anthropomorphiques. — Réaction actualiste de la
Renaissance (Léonard de Vinci et Palissy). — Les principes
de Stenon. — Actualisme de Buffon. — Catastrophisme de
Cuvier, d'Orbigny et Elie de Beaumont. — Évolutionisme
de Lamarck et Darwin. — Actualisme de Lyell. — Retour
actuel au catastrophisme et à la saltation.

Le rôle de la science géologique. — L'esprit
humain ne se contente pas aisément du présent
trop bref et aussitôt évanoui dans le néant à l'instant même où l'on essayait de le fixer. Une
instinctive curiosité l'attire vers ces deux profondeurs de nuit, qui précèdent et qui suivent sa pensée éphémère. Il voudrait savoir ce qui fut avant

lui ; il tiendrait plus encore, s'il le pouvait, à prévoir ce qui viendra. Tel est, en réalité, le double but de l'histoire : connaître les successions d'événements passés et en déduire les lois qui détermineront les événements futurs. Cet avenir, dont on demandait jadis le secret aux sibylles, aux astrologues, aux somnambules ou aux chiromanciens, nous prétendons le déduire scientifiquement de l'expérience acquise. Ainsi l'histoire s'agrandit ; limitée au seul passé, elle ne satisferait qu'une assez vaine curiosité ; les avenues qu'elle nous ouvre sur le futur la prolongent jusqu'à l'infini.

Plus que l'histoire des événements humains, l'histoire de la Terre avant l'homme fait directement apparaître cette double tendance : exploration du passé, en quoi elle est à proprement parler historique comme l'archéologie ou la préhistoire ; prévision du futur, en quoi elle devient une science physique et se relie intimement à tous les autres efforts par lesquels on cherche à interpréter physiquement la nature, mécanique, astronomie, chimie, etc., etc. La Science géologique, en se proposant de reconstituer la partie accomplie de cette histoire, a la hardiesse de vouloir aussi en deviner la continuation. Elle ne prendra même à vrai dire le caractère absolument scientifique, que le jour où ses lois seront assez bien assises pour autoriser à annoncer leur conséquence logique, comme on le fait pour une réaction chimique, pour une expérience physique commencées.

L'histoire de la Terre dont il s'agit ici, c'est celle de la matière brute qui nous entoure et c'est aussi celle des êtres vivants, auxquels cette matière sert de support. Quand nous cherchons témérairement les lois de cette histoire, notre présomption va donc usqu'à vouloir prophétiser l'évolution future de la matière et de la vie. Nous sommes sans doute extrêmement loin encore d'un tel résultat et nos ambitions du moment sont beaucoup plus modestes; mais il n'est pas défendu d'envisager, fût-ce dans un avenir très vague et très incertain, ce qui peut donner un jour leur maximum d'intérêt philosophique aux études patiemment et minutieusement continuées sur nos fossiles et sur nos cailloux.

Cette histoire de la Terre, qu'il faut d'abord écrire période par période et point par point avant de songer à en déterminer les lois générales, n'offre à nos recherches, à nos investigations, rien de comparable à ce qui existe pour l'histoire humaine. Aucun témoin direct, aucun ancêtre interrogeant la tradition immédiate des survivants, n'en ont marqué pour nous les jalons; pas de récits, de souvenirs ou d'archives. Mais les documents, dont nous avons besoin, gisent épars dans le sol comme ces monuments sans écriture que rencontre parfois l'archéologue et leur mode d'ensevelissement, leur ordre

de superposition nous permettent d'établir entre
eux des rapprochements, des classifications.

Plus nous pénétrons loin dans l'histoire humaine
elle-même, plus c'est à des matériaux de ce genre
qu'il faut recourir à défaut d'annales et plus la méthode archéologique tend à employer les procédés de
la méthode géologique. On est déjà en pleine géologie
quand on atteint, dans la profondeur du passé, ces
périodes primitives où des hommes, qui ne savaient
peut-être pas eux-mêmes comment s'appeler, se
sont contentés de vivre bestialement et de lutter
entre eux pour disparaitre sans nous laisser autre
chose d'eux-mêmes que leurs engins de chasse,
de pêche et de guerre et leurs haches de pierre.
Arrivé à ce point, on saute aisément dans la nuit des
temps plus lointains où l'homme n'existait pas
encore, pour atteindre de proche en proche les âges
plus reculés où la vie n'avait pas commencé à apparaitre et l'on remonte enfin, par une chaine continue, jusqu'aux périodes cosmiques, où les éléments
terrestres, perdus, épars dans l'espace, n'avaient pas
eux-mêmes, en se coordonnant, acquis cette sorte
d'individualité qui convient à la matière.

Toute l'histoire du passé, malgré la diversité des
sciences qui l'explorent et les catégories de
savants très distincts qui en fouillent tel ou tel
compartiment, forme donc un seul tout. Au début
des choses, c'est par l'astronomie, c'est par la

physique surtout, mais c'est déjà un peu par la géologie que nous pouvons imaginer le groupement, la coordination première des éléments terrestres. Puis la Terre ainsi constituée s'est déformée, plissée, effondrée par fragments ; les océans se sont promenés à sa surface en y laissant çà et là leurs dépôts ; des montagnes ont surgi pour disparaître bientôt ; alors, tandis que des mouvements analogues se poursuivaient dans l'écorce matérielle, la vie est apparue sur celle-ci, elle s'est développée, elle a évolué ; la naissance et l'extinction de faunes diverses ont marqué des étapes, des périodes, combinées et enchevêtrées avec celles que fixaient, d'autre part, les surrections de montagnes ou les déplacements des eaux. Débrouiller, élucider cette série d'événements complexes, en expliquer la cause, le mode d'action et l'enchaînement, sont l'œuvre propre de la Science géologique[1].

Enfin, dans une étape dernière, sur cette Terre où jusqu'alors s'étaient seulement déplacés des

---

1. Ne pouvant donner ici qu'un très sommaire aperçu de la *Science géologique*, je demanderai la permission de renvoyer une fois pour toutes à l'ouvrage que j'ai publié sous ce titre (Paris, Armand Colin, 1905) et où je me suis attaché à étudier les méthodes, les résultats, les problèmes encore posés et l'histoire de cette science. Je m'excuse, en même temps, d'être amené à en reproduire certaines conclusions, qu'il ne saurait avoir lieu de modifier à aussi peu d'intervalle.

atomes inertes ou des êtres vivants incapables de fixer leurs souvenirs, un être nouveau s'est trouvé, qui avait le culte du passé, qui s'attachait à noter les incidents de son existence fugitive, qui possédait, avec la mémoire, les instruments nécessaires pour la perpétuer. De ce moment commence pour nous un domaine d'investigations différent, où l'histoire proprement dite succède à la géologie. Mais, en dépit des apparences, la physique, l'astronomie, la géologie, l'histoire poursuivent, s'il est permis d'établir une relation de continuité entre les manifestations habituellement désignées sous le nom de matière, de vie et de pensée, l'étude de phases successives dans une même évolution. En prolongeant par induction la courbe géométrique, où l'on peut essayer de fixer l'orbite déjà décrite, nous sommes conduits à soupçonner — ce qui, suivant une remarque antérieure, est le but final de toute science expérimentale — le reste de la route future à parcourir encore.

Malgré l'unité de tous ces phénomènes, sur laquelle je viens d'insister, il ne sera pas question ici, on le prévoit assez, de l'histoire humaine, qui constitue un très mince et très bref épisode dans l'histoire de la Terre; l'apparition de l'homme, extrêmement récente, marque, non pas sans doute une transformation dans les phénomènes eux-mêmes, évidemment poursuivis d'une façon analogue après comme avant cet incident, mais cependant un changement dans les méthodes par lesquelles nous les étudions. Pour les quelques milliers d'années écoulées depuis que l'homme a pris la personnalité humaine, et, consciemment ou non, inscrit les mouvements les plus fugitifs, les moindres variations de son être et de sa pensée, l'histoire se perd dans un détail infini, s'éparpille, s'attache à des nuances imperceptibles, consacre, en un mot, à enregistrer les changements d'un jour ou d'une heure, autant de pages qu'elle en peut donner antérieurement à des dizaines ou des centaines de siècles; il y a disproportion absolue; avec la place que nous pouvons attribuer ici à l'histoire de la Terre avant l'homme, celle de la Terre après l'homme devrait tenir en une ligne. Nous la laisserons donc de côté; ou plutôt, si nous étudions avec grand soin les formes actuelles de la matière et de la vie et leurs modifications possibles, ce sera surtout pour y trouver des points de comparaison propres à nous guider dans les obscurités du passé.

Catastrophisme, évolutionisme et actualisme — On n'a pas toujours envisagé cet ensemble de phénomènes comme nous le faisons aujourd'hui et peut-être l'avenir en donnera-t-il à son tour une autre interprétation que nous. Retracer rapidement l'histoire de la Science géologique sera montrer les conceptions diverses que l'homme s'est faites tour à tour sur l'histoire même de la Terre et peut-être aussi faire comprendre comment s'est progressivement formée et assise notre théorie actuelle.

La première idée de l'homme jeté nu au milieu d'un monde incompréhensible a dû être que ce monde avait toujours existé et subsisterait toujours tel qu'il le voyait. Comme un enfant, il se croyait le centre de tout, ignorait le Temps ou l'Espace même et rapportait tout à lui-même et à sa mesure. Mais la nécessité de se défendre ne pouvait manquer de le rendre vite observateur et la première observation fondamentale que l'homme soit aussitôt amené à faire est celle de la mort, puisque autour de lui tout meurt à tout instant. Cette mort universelle et fatale, qui effraye confusément les animaux eux-mêmes, s'imposait trop immédiatement à son attention ; le tourbillonnement fugitif des choses est trop évident ; les naissances, les dépérissements et les dissolutions finales sont trop manifestement des accidents de toutes les heures, pour que les idées de commencement et de fin (du moins apparents), n'aient pas dû être des notions acquises presque dès l'origine, pour que l'homme n'ait pas été tenté d'expliquer ces commencements et ces fins, comme ceux qu'il produisait lui-même chez les bêtes ou les plantes, par l'intervention de ces grands géants pareils à lui et mal reconnaissables dans les manifestations de leur force, qu'il appela des dieux.

Ainsi l'on adora, avant tout, la puissance fécondante, le germe mystérieux qui fait la vie, en même temps que l'on trembla devant le principe mauvais qui fait la mort. L'idée d'une lutte entre ces deux êtres, l'un créant, l'autre détruisant, le dualisme instinctif, qui, plus ou moins épuré ou déformé, s'est perpétué à travers les religions, ne saurait manquer d'avoir été une conception extrêmement primitive. Et, soit qu'on attribuât le monde au principe de vie en l'en glorifiant, soit que, par une conception plus pessimiste et plus subtile, on en fît l'œuvre du principe mauvais, on a dû de très bonne heure imaginer une « création » du Ciel et de la Terre succédant à un originel chaos, indépendamment même de tout ce qui pourrait ressembler à une observation physique ou géologique ; on a donc, à la première notion d'éternité, de perpétuité, substitué l'idée plus juste que la Terre avait une histoire, qu'elle était partie d'un point déterminé, et, par conséquent, suivant toute apparence, par une conclusion logique, qu'elle était destinée à avoir également une fin. Histoire, qu'à l'origine on imaginait bien entendu très simple, composée de quelques incidents élémentaires, orages ou tempêtes, analogues à ceux que nous voyons chaque jour, et encadrée à ses deux termes entre deux cataclysmes, création et destruction.

Cependant, si des esprits très simplistes pouvaient se contenter d'une explication semblable, à d'autres une complexité plus grande ne pouvait manquer bientôt d'apparaitre nécessaire. Les phénomènes naturels les plus constants, les plus manifestes, les plus aisément perceptibles, apportaient un correctif à cette idée sommaire de coupures dans le temps, qui répugne aussi bien à notre instinct primitif qu'à notre philosophie raffinée ; au lieu d'un commencement et d'une fin absolus, si difficiles, si pénibles à concevoir, l'idée de cycle, qui domine tout le monde physique, fournissait, pour tous les phénomènes plus subtils, où le cycle ne se manifeste pas d'abord, la suggestion d'une hypothèse semblable. L'orage gronde, puis l'azur reparait ; le soleil se couche et livre le ciel à la nuit, mais c'est pour renaitre en rayonnant au bout de quelques heures ; l'hiver endort la sève et couvre le sol de frimas, mais le printemps fait, après quelques mois, germer encore les fleurs et chanter les nids. Comment ne pas adorer la puissance solaire qui, à chaque aurore, dissipe les ombres ; comment ne pas s'extasier avec joie sur la résurrection annuelle d'Adonis, de Proserpine, d'Osiris? Il meurt des hommes à chaque seconde; mais sont-ils bien morts et non invisibles, comme l'était, de leur vivant même, la pensée qui gouvernait leur corps et faisait leur personnalité réelle, l'idéale Psyché? Puisque les naissances correspondent aux morts, n'y a-t-il pas migration de la tombe au berceau? Au lieu d'aller par une courbe plus ou moins compliquée d'un point à un autre, la création ne décrit-elle pas des cercles, qui, sans cesse, la ramènent au même point? Le symbole éternel n'est-il pas, suivant une antique image, le serpent enroulé en rond qui se mord la queue? Aux cataclysmes ne faut-il pas substituer l'idée de mouvement continu, d'évolution; à l'anthropomorphisme des bons et mauvais géants imposant des arrêts soudains, le panthéisme des lois immuables, entraînant des manifestations variées, mais périodiques?

Ces deux hypothèses fondamentales, que l'on peut envisager comme indépendantes de toute observation naturelle précise et conçues par simple déduction métaphysique, par simple tendance innée, dominant ici ou là suivant les races, sont tellement nécessaires, sont aussi tellement les seules à fournir une interprétation générale des phénomènes, que, dès l'aube de la pensée humaine, du moins dès le premier jour où nous avons une connaissance quelconque de cette pensée, on les voit apparaître et que, jusqu'à aujourd'hui même, elles ont continué, sous une forme plus savante, plus ou moins combinées l'une avec l'autre, à se disputer tous les esprits préoccupés d'un au delà. Tantôt l'une, tantôt l'autre, comme nous le verrons bientôt, a pris le dessus dans le champ spécial d'investigations qui nous intéresse ici : l'une et l'autre, à mesure que la science se développait et exigeait plus de précision, ayant trouvé à s'appuyer sur des observations et des interprétations contradictoires. Il y a toujours eu, il y aura peut-être toujours, des esprits qui aperçoivent surtout les coupures, d'autres que frappent les transitions, des hommes qui se plaisent à la soudaineté des événements imprévus, d'autres que séduit l'enchaînement ingénieux des continuités. L'un et l'autre système peuvent se défendre. D'une manifestation quelconque à une autre quelconque on peut toujours (et c'est le danger) découvrir des transitions : la lumière et l'ombre ne font qu'un ; mais il semble exister aussi des démarcations, qui, lorsqu'on met en contact les termes extrêmes, s'imposent avec une criante évidence. Suivant que l'on groupe dans un sens ou dans l'autre, avec une égale logique, les éléments de la série, telle ou telle conclusion devient fatale. Et, si nous prenons par exemple, le phénomène dont l'apparente gravité domine

pour nous tous les autres, si nous envisageons la
mort, on peut, ou s'attacher à ce changement soudain qui, d'un être vivant et pensant, fait un cada-
vre glacé et rigide, ou suivre dans ses transitions
progressives le retour des éléments désagrégés, qui
formaient cet être, à d'autres êtres vivants et agis-
sants, par l'intermédiaire de cette chose sans nom
dont parle Bossuet. Celui-ci s'attache plus à l'individu, celui-là à l'ensemble et le choix entre le catastrophisme et l'évolutionisme, l'anthropomorphisme et le panthéisme, se fait plutôt, il faut bien
le dire, par une tendance d'esprit, par un instinct
inné, que par un raisonnement réellement sincère et
visant à être rigoureux. Peut-être, lorsque, chez les
hommes d'aujourd'hui, ce choix s'opère spontanément avec l'illusion d'une évidence, est-ce la voix
d'ancêtres très lointains qui parle : d'ancêtres partis
de deux points du monde opposés et ayant apporté
avec eux des conceptions devenues la substance
même de deux races. Peut-être, quoique cette
hypothèse puisse sembler bien hardie, la très primitive distinction que l'on trouve, jusque chez les
hommes de l'âge de pierre, dans le mode de sépul-
ture, a-t-elle, à notre insu, un écho dans nos conceptions scientifiques : les uns, qui veulent éterniser
l'individu éphémère, s'attachant à le momifier, à
l'isoler dans un tombeau ; les autres hâtant, par la
puissance mystérieuse du feu, la dissolution de ses

atomes un instant groupés, leur retour, leur ren-
trée subite dans le tourbillon incessant et continuellement renouvelé des êtres...

Il semblera peut-être au lecteur que je me sois
écarté par une longue digression de notre sujet;
mais, puisque c'est, en somme, la philosophie de la
science géologique que je voudrais dégager ici, il
n'était peut-être pas inutile de montrer d'abord le
caractère réel, les affiliations lointaines et les contre-
coups indéfinis dans nos pensées de ces deux tendances principales, catastrophisme et évolutionisme, que nous allons voir, sous des formes
diverses, se manifester et dominer tour à tour dans
l'histoire de cette science.

Il y faudrait encore ajouter, pour être complet,
la disposition d'esprit de ceux qui, soit par paresse et
pauvreté d'imagination, soit par réaction prudente
contre de trop vagues hypothèses, échappent ou
prétendent échapper à ce besoin d'envisager l'avenir et le passé que je signalais en commençant.
Pour certains il semble, en effet, que le présent
existe seul et, si singulier que cet aveuglement
puisse paraître aux autres, il se trouve avoir son
contre-coup dans nos sciences naturelles. « Le passé
et l'avenir, disent ceux-là, ombres et vagues chimères; contentons-nous d'examiner le présent;
le monde a toujours été et sera toujours tel qu'il
est; des causes analogues à celles que nous voyons

agir sous nos yeux y ont toujours produit les mêmes
phénomènes ; le présent suffit, sans modification
aucune, pour expliquer ce que nous constatons du
passé ; quant à l'avenir, peu importe ; nos descendants se chargeront de le voir ». Quand ce mode de
raisonnement a dominé dans l'histoire de la science
géologique, soit parce que les hommes étaient trop
ignorants de tout ce qui ne les touchait pas de
très près pour découvrir l'au delà de leur myopie,
soit parce que l'abus des théories en l'air avait
entraîné par réaction le besoin de s'arrêter sur un terrain plus solide, on a vu régner, au lieu des deux
explications philosophiques (catastrophisme et évolutionisme) indiquées plus haut, l'actualisme ou
l'uniformitarisme, qui, supprimant le problème lui-
même, échappe au besoin d'en chercher la solution.

Mais, si l'actualisme exclusif peut devenir presque puéril, quand, par exemple, un Leymerie se
figure expliquer assez les volcans en faisant brûler
de la pyrite dans un jouet de laboratoire, une certaine dose d'actualisme, combinée avec des théories
générales de plus d'envergure, est le fondement
nécessaire et la seule base solide dans une science
d'observation. Nous verrons donc tout à l'heure les
plus grands progrès de la géologie être réalisés
par ceux qui se sont attachés d'abord à bien observer les phénomènes actuels pour en tirer une

première explication des phénomènes anciens, dans l'hypothèse implicite que les mêmes effets ont toujours été produits par les mêmes causes.

En deux mots, les trois théories principales, auxquelles toutes les autres se ramènent, peuvent donc s'exposer ainsi : 1° le monde est né, s'est modifié et périra par brusques changements, attribués souvent aux décrets d'une volonté supérieure, parfois à la lutte de deux principes, tour à tour vainqueurs ; il est l'œuvre de créations successives (catastrophisme); 2° le monde, quelle que soit son origine, s'est transformé progressivement par l'effet de lois immuables et fixées dès le début (évolutionisme); 3° le monde a toujours été et sera toujours tel qu'il est (actualisme).

Ces théories générales, dont j'ai essayé jusqu'ici de définir le sens profond, rentrent plutôt dans le domaine de ce que l'on appelait autrefois la philosophie naturelle que dans celui de la Science proprement dite. Ce sont des déductions indépendantes de l'observation, ou du moins fondées uniquement sur ces premières observations extrêmement vagues et faciles que la pratique courante de la vie suggère au plus inattentif. Il n'a commencé à exister, sous une forme rudimentaire, une sorte de Science géologique que le jour où, au lieu de raisonner *a priori* dans les écoles et sous les portiques, on est sorti en plein air et l'on a observé d'assez près le sol pour y reconnaître les traces de phénomènes anciens, que, par comparaison avec les effets des phénomènes actuels, c'est-à-dire par un emploi rationnel de l'actualisme, on pouvait essayer de reconstituer. Alors les hypothèses généralisatrices et les vastes synthèses cosmogoniques ont eu, pour se fonder, ce terrain des faits, que le temps a rendu peu à peu de plus en plus solide en y accumulant les matériaux recueillis par d'innombrables travailleurs. Examiner et analyser d'abord, conclure en synthétisant ensuite, c'est la méthode générale de toutes les sciences naturelles : méthode dont j'indiquerai bientôt l'application plus particulière à la géologie.

Histoire de la science géologique. — Au début, les observations géologiques n'ont pu manquer d'être tout à fait sommaires et localisées ; elles s'appliquaient à des manifestations, encore aujourd'hui courantes, avec lesquelles l'habitude avait dès longtemps familiarisé ; il était donc inévitable qu'elles fussent interprétées dans le sens le plus actualiste. L'étonnement, qui est le point de départ de toute exploration scientifique, est beaucoup moins le fait de l'ignorant que du savant. Le très ignorant aurait, comme l'enfant, tant d'occasions de s'étonner, d'admirer ; il prodigue d'abord cette admiration si au hasard que vite elle s'émousse.

2.

Un sauvage jeté dans Paris est moins surpris par le téléphone ou la télégraphie sans fil que par la possibilité d'avoir de l'eau et du feu en tournant un robinet, en frottant une allumette. Les premiers observateurs, qui ont fait des remarques en rapport avec la géologie, se sont donc contentés d'en donner une explication très simple ou qui leur paraissait telle. S'ils voyaient des restes marins sur la terre ferme, à distance raisonnable des côtes, la mer était venue là dans une marée plus forte ; les sables et galets prouvaient un semblable passage des eaux ; si l'éloignement de la mer semblait trop grand, on expliquait, au besoin, les fossiles par le si commode surnaturel, en supposant dans les pierres une force, une vertu secrète, dont le jeu capricieux imitait des coquillages ou des ossements. Pourtant, dans les cas trop-difficiles comme la montée d'îles volcaniques, les feux souterrains, les tremblements de terre, des raisonneurs plus hardis invoquaient déjà le catastrophisme, tandis qu'ailleurs, où les avancées et les reculs successifs des eaux frappèrent surtout l'attention, on était tenté d'imaginer des cycles et une évolution.

Toute l'antiquité, puis tout le moyen âge, n'ont guère dépassé ce premier degré, bien que mettant déjà en œuvre, suivant les cas, les trois théories fondamentales, dont j'ai montré le rôle en commençant. Cela est manifeste quand on envisage les deux peuples dont la pensée a formé la nôtre, les Grecs et les Hébreux.

Chez les Grecs, la religion et la philosophie sont, en principe, catastrophistes ; l'anthropomorphisme domine ; l'observation de la nature reste bornée ; l'Hellène se paye souvent de mots élégants, ingénieusement agencés, plutôt qu'il n'est amoureux des faits ; l'opinion courante fait donc intervenir, pour expliquer tout ce que l'on connaît d'observations géologiques, ou l'actualisme le plus borné, ou de mystérieuses volontés divines. Et le Romain, plus tard, paysan, ingénieur ou soldat, se confinera encore plus dans l'actualisme. Mais un autre courant existe déjà dans le monde hellénique, importé peut-être à l'origine de cette plus lointaine Asie, de Babylone ou même de l'Inde[1] : pays, où les idées d'évolution, de panthéisme et de devenir semblent avoir été en quelque sorte innées. Il suffit, pour s'en apercevoir, de lire ces mythes superbes qui forment la théogonie d'Hésiode et, par exemple, l'épisode transposé plus tard en banale naissance de Cypris. L'école des philosophes

---

1. L'Arie antique, d'où seraient venus les Celtes, les Germains, les Slaves, les Grecs et les Italiotes, est placée d'ordinaire dans l'Afghanistan. L'aryen est facilement polythéiste, comme le sémite est monothéiste. Le babylonien (touranien ?) et l'Indou sont, au contraire, imprégnés d'évolutionisme.

ioniens, celle de Pythagore, d'Épicure et de Lucrèce invoquent déjà des principes, des forces univer selles, dont le jeu suffit, sans intervention étrangère d'aucune volonté, à produire les formes changeantes des choses et des êtres. Atomisme de Démocrite, énergétique d'Héraclite, jeu des actions et des réactions imaginé par Empédocle sont des essais pour interpréter la formation de la matière et la structure terrestre, indépendamment de tout caprice divin, par la vertu d'un principe unique, antérieur à la matière et qui provoque dans celle-ci une lente évolution. Plus évolutioniste encore, la théorie pythagoricienne, où la naissance et la mort ne sont considérées que comme des changements de formes, où l'on imagine des cycles successifs ramenant tour à tour au même point les montagnes et la mer. Et, dans Platon comme dans Aristote, on retrouve aussi cette idée des périodes faisant alterner spontanément les destructions avec les régénérations. Chez les Grecs d'Asie avec quelle grandeur on célèbre le merveilleux symbole d'Adonis, le jeune dieu qui renaît au printemps !

De même, chez les Hébreux, le double courant apparaît : d'un côté, le Dieu agissant, mêlé sans cesse à sa création, qui fait monter le déluge, dessèche la mer Rouge, ou arrête le soleil; de l'autre, cette belle tradition naturaliste de la

Genèse, peut-être empruntée à Babylone, où le souffle de Dieu, principe de force et de vie, ébranle au début le chaos pour produire ensuite la lumière et les formes successives de la vie, dans un ordre presque strictement conforme à celui que nous déduisons de nos observations, par une gradation progressive équivalente à une évolution[1].

Le moyen age a vécu, sans rien ou presque rien observer par lui-même, de ces antiques conceptions hébraïques ou hellènes, que soulevait et transmuait pourtant sourdement le ferment des levains barbares. Le dualisme, qui domine chez tous ces peuples descendus tardivement de l'Altaï, des steppes turcomanes et de la Perse, pénètre de plus en plus le christianisme, même dans son orthodoxie, surtout dans ses hérésies. Les vagues observations primitives sur la structure des terrains et sur les mouvements des flots, prouvés par ces restes marins de tous côtés épars, prennent, dans cette période, volontiers le caractère d'une lutte entre les deux principes contraires, tour à tour victorieux, en même temps que les influences astrales, empruntées à la Chaldée, adoptées par

1. Dans l'interprétation généralement admise, l'exposé cosmogonique, par lequel débute la genèse, est l'œuvre du rédacteur élohiste. Le jéhoviste au contraire, dont on a fait ressortir le pessimisme constant, suppose l'homme antérieur aux plantes et aux animaux ; c'est ce dernier aussi qui tire la femme de l'homme.

Aristote, développées par les Alexandrins, sont supposées jouer un rôle prédominant. Le moyen âge se montre à nous, dans son ensemble, comme catastrophiste.

Peut-être, cependant, faut-il faire une exception pour ces alchimistes si décriés, qui sont, en réalité, du moins ceux du xiii⁰ et du xiv⁰ siècle, les vrais fondateurs de la science moderne. Les alchimistes sont considérés d'ordinaire comme ayant uniquement poursuivi la pierre philosophale ou l'eau de Jouvence ; ils cherchaient, en réalité, à constituer une science expérimentale et une science d'observation ; trop théoriciens sans doute quand ils voulaient, de prime abord et dans l'ignorance de toute chose, ramener la matière à ses principes essentiels, ou, la croyant une dans son essence, opérer, par leurs moyens encore enfantins, la transmutation de ses formes diverses. C'est eux, pourtant, qui, entre les chimistes byzantins ou arabes et les savants de la Renaissance, ont établi la continuité et, par conséquent, préparé l'éclosion des Léonard de Vinci ou des Palissy.

Un rudiment un peu plus sérieux de géologie apparaît au xvi⁰ siècle avec les deux observateurs, dont je viens de citer les noms, avec d'autres aussi moins connus, Fracastoro, Alessandro degli Alessandri, qui, simultanément, arrivent à des conséquences analogues. Notre science naît alors, en prenant d'abord un caractère strictement actualiste, de quelques remarques sur les fossiles, sur les alluvions, sur l'activité des eaux. Et la lutte s'engage aussitôt contre les catastrophistes pour démontrer qu'un déluge unique, succédant à une création divine, est une explication insuffisante, qu'il a fallu des mouvements plus nombreux dans les eaux : mouvements locaux attribués uniquement à des causes encore agissantes. évaporation de lacs ou comblement de bassins par les apports torrentiels, déplacement corrélatif des lits fluviaux, etc. Beaucoup par ignorance, un peu aussi par horreur des cataclysmes, on méconnait donc à ce moment ce qui est la base même de la géologie, les transformations complètes de la structure terrestre au cours des âges, les révolutions internes prouvées par l'inclinaison, le plissement, le renversement de dépôts primitivement horizontaux ; à force de tout rapporter à l'homme et de tout vouloir expliquer par sa seule expérience directe, on semble supposer implicitement que la Terre n'a pas d'histoire.

Le premier, qui ait réellement constaté ces déplacements de terrains et qui en ait donné l'explication rationnelle (1669), le danois Nicolas Stenon, le véritable père, par conséquent, de notre géologie moderne, se trouve, en présence de ces accidents, amené à combiner l'actualisme de détail, base nécessaire de toute observation sérieuse, avec la mise en jeu de cataclysmes un peu trop spéculatifs pour les faits plus généraux. Il est nettement, et parfois exagérément, actualiste quand il examine les terrains et quand il pose les quatre grands principes fondamentaux de la géologie :

« 1° Les couches de la Terre sont les produits d'une sédimentation dans l'eau;

« 2° Une couche, qui recouvre une autre couche, lui est postérieure;

« 3° Une couche, qui renferme des coquillages marins, s'est déposée dans la mer;

« 4° Un dépôt marin a commencé par se déposer horizontalement. Si nous voyons aujourd'hui une couche inclinée, c'est qu'elle a été bouleversée depuis son dépôt; si cette couche inclinée est recouverte par une autre couche marine horizontale, c'est que son bouleversement a été antérieur au retour de la mer, qui a laissé ce dernier dépôt. »

Mais, en même temps, quand il sort de ses observations locales, c'est pour invoquer, avec son ami Descartes, d'immenses effondrements produits par la brusque sortie de mers internes d'abord emprisonnées sous l'écorce, ou c'est pour identifier la série de mouvements semblables, qu'il croit reconnaître en Toscane, et dont il s'attache à déterminer la succession, avec les journées de la

Genèse. Il est à peine besoin de faire remarquer que ces grandes théories générales, vers lesquelles nous visons tous et qui sont évidemment le but final d'une Science, ne sauraient manquer d'être très en retard sur les observations locales ; immense est le nombre de telles observations qu'on devrait d'abord accumuler pour donner une base véritablement solide aux hypothèses. Est-ce une raison pour renoncer à celles-ci jusqu'au jour où le nombre des observations sera suffisant ; non sans doute ; car une observation, qui n'est pas guidée par une idée générale, et qui n'a pas pour but d'en vérifier les conséquences par une sorte d'expérimentation, est à peu près mort-née. Mais cela veut dire, comme je l'ai remarqué dès le début, que, dans le choix d'une telle théorie, la tendance instinctive joue d'ordinaire, et jouera longtemps encore un grand rôle.

L'actualisme, que nous venons de voir, chez Stenon, s'amalgamer à des théories où les cataclysmes ont une large place, prend chez Buffon, à la fin du xviiiᵉ siècle, une forme analogue, et les hypothèses cosmogoniques ne sont pas chez lui beaucoup plus fondées qu'elles ne l'étaient, un siècle avant, chez Descartes ou Leibnitz. C'est par des considérations du même genre qu'il a la prétention d'écrire une première Histoire de la Terre, où les périodes successives sont évaluées en années.

Pourtant Buffon pousse, en général, l'actualisme,
jusqu'à oublier les observations capitales de Stenon
et, sur ces deux problèmes essentiels de la géologie,
déplacements des mers et soulèvements des montagnes, il adopte, par peur de la fantaisie, des
explications simplistes à outrance, interprétant :
l'inclinaison des couches par le dépôt sur un fond
inégal, la production des montagnes par la combustion profonde des pyrites ou de la houille.

Il manquait jusqu'alors à la géologie, pour se
développer, sa base fondamentale : à savoir la
constatation que les animaux n'avaient pas toujours
été les mêmes à la surface de la Terre et que la
faune d'un terrain caractérise par conséquent son
âge. Quand cette découverte, qui constitue la
paléontologie, a été faite vers la fin du xviii° siècle
et le début du xix°, par William Smith, Cuvier,
puis Alexandre Brongniart, etc., entraînant par la
suite la nécessité inéluctable d'écrire en toute
hypothèse une Histoire de la Terre un peu plus
compliquée que celle de la Genèse, il en est résulté,
pendant près d'un demi-siècle, grâce au génie de ses
grands promoteurs, les Cuvier, les d'Orbigny, etc.,
un triomphe extraordinaire du catastrophisme.
Durant toute cette période, sauf quelques trans-
formistes isolés comme un Lamarck, les géologues
ont admis, presque sans discussion, que la faune
terrestre avait été formée, puis renouvelée je ne

sais combien de fois, par une série de créations successives, remédiant à autant de catastrophes, où la faune précédente avait sombré et ce sont ces catastrophes (supposées, comme on le voit, la cause en même temps des changements dans la vie et de ceux dans la structure), qui ont tout naturellement fourni les premières dates, d'une précision très rigoureuse en apparence, à la Science géologique.

Dans la complexité réelle des faits, l'histoire de la vie à la surface de la Terre n'est pas directement et nécessairement liée à celle de la structure terrestre et la relation admise entre les deux phénomènes a beaucoup varié avec les théories, sans qu'aujourd'hui encore nous puissions nous considérer comme arrivés sur ce point à une entière certitude. Il en résulte, dans l'histoire de la Terre, deux séries de dates à peu près indépendantes, ou du moins dont la corrélation ne s'impose pas toujours forcément. J'insisterai tout à l'heure sur cette difficulté. En ce moment, où nous nous contentons de retracer les étapes parcourues, il importe seulement de montrer quelle solution on a tour à tour admise.

Pour Cuvier et d'Orbigny par exemple, de 1820 à 1850, le catastrophisme est absolu ; dix, vingt fois dans la succession des âges (autant de fois que l'on reconnaît de faunes distinctes), la création est détruite et recommencée; des mers, venues on ne sait d'où, envahissent la surface du globe, y laissent leurs dépôts et disparaissent dans on ne sait quels abîmes. Il y a donc, d'un bout de la Terre à l'autre, parallélisme, synchronisme absolus; d'où une facilité extrême pour déterminer, en un point quelconque, l'âge précis d'un terrain par la nature d'un seul fossile rencontré, ce fossile à lui seul étant caractéristique de tout l'ensemble.

Cependant, on devait voir bientôt naître une science appelée la tectonique ou l'orogénie qui, en étudiant par eux-mêmes les mouvements du sol où l'on croyait voir la trace de semblables catastrophes subites, devait en reconstituer l'histoire réelle et les montrer à peu près indépendants de ces transformations dans les organismes, qu'on allait commencer d'autre part à expliquer par l'évolution.

La théorie de Hutton, qui est antérieure à celle de Cuvier et de d'Orbigny (1795), mais qui resta longtemps méconnue et dont l'influence réelle ne se fit sentir que beaucoup plus tard, est, sur la plupart des points, plus exacte et porte déjà la trace bien nette de ces idées d'évolution, qui ont, depuis lors, peu à peu envahi le domaine de nos idées, influençant même les catastrophistes modernes :

« Les forces vitales, dit Hutton, luttent contre

les forces de la mort ; mais la loi de destruction est une de celles qui ne souffrent pas d'exception ; les éléments ont été libres et sans liaison, ils doivent le redevenir. »

On doit à Hutton, outre la distinction si nécessaire des terrains sédimentaires (déposés par les eaux) et des roches ignées (formées par le feu), la première notion nette de ce que nous appelons une paléo-géographie, ou géographie ancienne, la première affirmation de changements opérés au cours des temps dans la répartition des mers et des continents sur la superficie du globe, avec la redécouverte de ces mouvements successifs dans l'écorce, cause première des montagnes, qu'il n'empruntait pas à Stenon, alors complètement oublié. Pour comprendre la nouveauté de ces idées, il faut remarquer que le contemporain fameux de Hutton, le saxon Werner expliquait, au même moment, tous les dépôts marins par une immense mer, ayant d'abord enveloppé le globe, puis s'étant peu à peu évaporée en laissant des dépôts plus ou moins inclinés et plus ou moins épais suivant la forme du fond primitif, suivant ses convexités et ses concavités. Aux yeux des disciples de Werner, qui, avec ceux de Cuvier, dominèrent la science au début du XIXᵉ siècle, les hypothèses de Hutton étaient aussi ridicules que celles de Lamarck. Werner par actualisme immodéré, Cuvier par catastrophisme, se montraient également hostiles aux idées de transformation et d'évolution.

En même temps que la doctrine catastrophiste s'imposait à ces deux branches de la géologie nommées la stratigraphie (ou science de la superposition des terrains) et la paléontologie, elle eut, dans la même période, un égal succès pour ces autres géologues qui étudient la formation des roches ignées, les manifestations volcaniques et les concentrations des métaux. Ce n'étaient, de tous côtés, que mouvements soudains, cataclysmes instantanés portant leur date inscrite, ici dans leur direction ou dans leur nature, comme, en stratigraphie, dans le type de leurs fossiles. Le créateur génial de la tectonique ou orogénie (c'est-à-dire de la science qui étudie l'histoire des montagnes), et de la métallogénie (ou science des formations métallifères), Elie de Beaumont poussait le catastrophisme jusqu'à prétendre retrouver l'âge d'une montagne, ou celui d'un filon et prévoir le remplissage de ce dernier par l'angle de leur direction avec le méridien ; l'histoire de la Terre se réduisait à ses yeux aux déformations géométriques d'un polyèdre, produites suivant une loi immuable (où apparait cependant le déterminisme) par brusques épisodes.

Et les adversaires violents de ces grands hommes, les ennemis de la science officielle, qui traitaient leurs conceptions de rêveries, réagissaient, d'autre part, avec un tel excès, contre l'intervention de l'hypothèse en science qu'ils retombaient encore une fois dans tous les excès de l'actualisme.

Cependant un travail énorme d'observation minutieuse s'accomplissait de tous côtés; les géologues du xix⁰ siècle avaient appris de leurs premiers maîtres, — les Hutton, les William Smith, en Angleterre; les de Saussure, les Dolomieu, les Cuvier, les Brongniart, les d'Orbigny, les Guettard, les Desmarets, les Élie de Beaumont, en France; les Werner, les de Humboldt, les Léopold de Buch, en Allemagne, — à regarder de près les faits et à s'incliner devant eux; il vint un jour où, de tous ces faits accumulés, ressortit l'évidente conclusion que les systématisations de la génération précédente, commodes comme point de départ, que tous ces brusques mouvements, ces cataclysmes simultanés sur l'ensemble de la Terre étaient en contradiction avec la complexité réelle des faits.

Coïncidant avec un mouvement général qui s'était opéré dans le même temps et pour des causes analogues en toutes les branches de la science et de la pensée, cette tendance nouvelle trouva en 1859 sa synthèse, son point d'appui et son *credo*, dans le livre classique où Darwin a exposé et coordonné par une ingénieuse hypothèse ses admirables observations. La Science, lasse de tant de catastrophes, d'explications mystérieuses ou d'inutiles interventions divines, crut trouver alors, dans une seule loi très simple, très facile à exposer et à comprendre, l'explication universelle des choses et se réveilla évolutioniste.

A partir de ce moment on eut donc horreur pour longtemps de tout ce qui pouvait ressembler à de la brusquerie, à de l'imprévu dans les choses ; le mot de cataclysme fut solennellement banni de la Science ; on reprit, en le commentant, l'amplifiant et l'étendant à tout, l'axiome antique : « *Natura non facit saltus* » ; pour un peu on eût nié qu'un pont pût s'effondrer ou une chaudière éclater ; il n'y eut plus que des effets infiniment lents et progressifs de causes infiniment prolongées. Et, ces causes mêmes, on les voulut de plus en plus simples, de plus en plus perceptibles à notre observation ; bientôt vint le moment où, en géologie, il ne fut plus permis d'invoquer d'autres forces que celles immédiatement visibles à la surface, de supposer même que ces forces eussent pu avoir dans le passé une intensité plus grande ; il fallut admettre que l'imperceptible écorce terrestre dans laquelle pénètrent nos travaux, avec la petite couche d'atmosphère superposée, étaient seules intervenues dans les phénomènes géologiques de tous les temps, que ni l'intérieur de notre planète, ni les influences astronomiques lointaines n'avaient eu une influence. Par dégoût des grandes théories, par prétention positiviste à faire rentrer toute la nature dans le domaine de l'observation directe, on en était revenu presque à ce point de départ de la Science, où l'homme, ne connaissant rien au delà des champs attenants à sa chaumière, expliquait le monde entier par ce qui pouvait se passer dans son coin de terre, se supposait le centre de l'Univers et faisait tourner le Soleil autour de lui. Une contradiction singulière, qu'explique cependant la réaction philosophique contre tout ce qui pouvait sembler se rattacher à l'anthropomorphisme religieux, avait, en prenant pour point de départ l'idée de transformisme et d'évolution (par conséquent de mouvement) amené, entre 1870 et 1880, à l'idée d'immobilité.

On en est revenu aujourd'hui et la roue a tourné une fois de plus; l'actualisme a été poliment prié de reprendre sa place parmi les hypothèses nécessaires pour donner une première explication approximative, mais insuffisante encore, des faits obscurs; l'évolutionisme lui-même, sous la forme que lui avait donnée Darwin, a perdu beaucoup de terrain et nous assistons à un retour offensif du catastrophisme avec les effondrements de

M. Suess, avec la saltation de Cope ou la mutation de M. de Vries. Mais on aurait tort d'en conclure absolument que la Science géologique, après avoir décrit une circonférence, est revenue à son point de départ. S'il fallait chercher une représentation géométrique du chemin parcouru, ce ne serait pas un cercle, mais une hélice ; nous retrouvons la même génératrice, mais un peu plus haut et cette ascension met en évidence, malgré ce cycle décrit dans le domaine des grandes théories, le progrès accompli dans la connaissance des faits.

C'est, en effet, en tenant compte de plus en plus de ces faits, sur lesquels se fonde l'actualisme et c'est en restant d'autre part profondément imprégnés de l'idée d'évolution que certains géologues contemporains admettent un catastrophisme atténué. Il ne s'agit plus, dans l'histoire de la structure terrestre, de brusques et universels accidents modifiant du jour au lendemain la forme de la Terre, la distribution et les types de la vie ; le caractère localisé de ces phénomènes reste universellement admis ; personne ne conteste plus que la répartition des océans a sans cesse varié, par suite de mouvements, attribués d'ordinaire, au moins en grande partie, à des déformations internes de l'écorce, peut-être aussi à des sortes de marées d'origine astronomique ; il semble également bien naturel à la plupart que ces déplacements aient

eu un contre-coup plus ou moins direct (combiné
avec beaucoup d'autres influences) dans les modifications de la faune; de même on est d'accord
pour localiser les surrections de chaînes montagneuses, qui, tour à tour soulevées par des actions
internes comme des vagues, puis tassées et
détruites par l'érosion, ont successivement occupé
les diverses parties de la Terre : l'idée de catas-
trophe, d'ailleurs très discutée, intervient seulement, dans l'histoire structurale de notre globe,
pour certains effondrements, sans doute reliés aux
plissements plus progressifs et considérés comme
la cause de reculs marins, auxquels on est tenté
d'attribuer la brusquerie, la soudaineté d'une voûte
rompue et dans lesquels on voit des « dates caractéristiques ».

De même, quand on fait intervenir la saltation,
la mutation, dans les changements de forme manifestés par la vie d'une façon incontestable au
cours des périodes géologiques, c'est, en quelque
sorte, comme un mode d'évolution, dont la courbe
représentative accuserait seulement des discon-
tinuités. On est tenté d'admettre que les changements, au lieu de s'opérer peu à peu, insensiblement, doivent plutôt se traduire à certains
instants critiques, par la soudaine mise au jour de
réactions lentement accumulées ; il y aurait, dans
l'apparition d'une espèce nouvelle, quelque chose

d'analogue à ce qui caractérise, dans une famille, la naissance d'un nouvel individu : celui-ci, qui existait, si l'on veut, à l'état de devenir et implicitement dans tous ses ancêtres, ne prenant son expression concrète qu'à une seconde déterminée du temps, correspondante à une phase propice dans la vie de ses générateurs.

De toutes façons, les idées de catastrophisme sont donc, pour la grande majorité des savants, dégagées des interventions providentielles, avec lesquelles on les avait à tort confondues. Celles-ci demeurent, dans un tout autre ordre d'idées, chères à de nombreux esprits ; la science ne peut guère ne pas les laisser de côté, pendant ses recherches, sans se condamner à l'inaction ; puisque son seul but est de chercher les lois de l'Univers, elle doit commencer par croire à la nécessité et à la permanence de ces lois, tout au moins à la nécessité d'une loi fondamentale immuable, qui commanderait l'évolution continue ou discontinue de toutes les autres. La relation entre le volume des gaz et leur pression, le mouvement de la chute des corps, le rapport de l'énergie et de la chaleur, la permanence des poids dans les combinaisons chimiques et tous les autres principes enseignés dans nos écoles ne sont que l'expression approximative, ou même momentanée, des observations accumulées jusqu'ici ; on pourra les remplacer quelque jour par d'autres lois; mais l'idée que ces lois ne se transforment pas au hasard et par caprice est implicitement contenue dans tout effort scientifique; la Science ne peut exister qu'à la condition d'être déterministe.

CHAPITRE II

Principes des méthodes géologiques.

Comment on peut reconstituer l'histoire de la Terre. — Le caractère scientifique des méthodes géologiques et leur degré de précision.

Notions fondamentales. — La minéralogie. — La pétrographie. — La métallogénie. — La stratigraphie. — La paléontologie — La tectonique. — La paléo-géographie.

Scepticisme à l'égard de la géologie. — Quand on parle de géométrie, de mécanique, d'astronomie, de physique ou de chimie, il n'est pas besoin de faire ressortir la précision des méthodes employées ni la rigueur des résultats obtenus. Tout homme instruit est d'avance convaincu, jusqu'à l'exagération même, qu'il n'est pas permis de discuter un théorème de géométrie, un principe de mécanique, une loi physique ou chimique et la répétition journalière d'innombrables expériences, où la pratique semble vérifier les théories relatives à ces sciences, a fortement ancré, dans la plupart des esprits, le caractère de dogme immuable qu'on est convenu de leur attribuer. En pareil cas, on semble révolutionnaire et paradoxal si l'on ose insister sur les postulatums implicites, sur les conventions, sur les approximations de tous genres, qui servent de base aux lois admises et enseignées dans les écoles. En matière de science naturelle, et notamment quand il s'agit de géologie, la tendance ordinaire du public serait plutôt, au contraire, un sentiment de défiance. On veut bien encore, à la rigueur, admettre l'ordre de super-position des terrains et leur détermination par la faune, parce que d'assez nombreux travaux sou-terrains (puits de mines, sondages, tranchées, etc.) en ont apporté directement des preuves expéri-mentales; mais déjà, dans ce domaine de la pratique, on fait remarquer l'incertitude et l'im-précision des pronostics relatifs à la rencontre d'une couche, à la variation profonde d'un gise-ment métallifère; parfois même on s'appuie sur des renversements mal interprétés pour nier la superposition elle-même. Et surtout, quand le géologue vient à énoncer quelques-uns de ces grands résultats généraux, qui font l'orgueil de la science moderne, la synthèse des chaînes mon-tagneuses, les variations successives des océans, la formation des roches cristallines, la distribution profonde des métaux, on a souvent l'impression que les auditeurs écoutent cet exposé comme un joli roman, en l'assimilant aux fantaisies cosmogoniques du XVIIIe siècle ou aux hypothèses des alchimistes. Je crois donc nécessaire, avant de faire connaitre les résultats obtenus dans nos investigations sur l'Histoire de la Terre, d'inspirer au lecteur un peu plus de foi dans ces conclusions par une rapide étude critique des méthodes employées pour les atteindre[1].

Les méthodes physiques en géologie. — Tout d'abord, ce que les géologues eux-mêmes oublient parfois un peu trop, la Terre n'est pas seule dans l'espace, elle dépend d'un système solaire, auquel elle reste liée et dont elle subit incessamment l'action ; son cas, qui nous intéresse si particulièrement, ne doit pas être non plus exceptionnel dans l'ensemble de ces mondes lumineux, avec lesquels nous sommes en droit de la comparer ; les données astronomiques, dont le degré de précision est exactement celui des sciences physiques, ne sauraient ainsi être laissées de côté quand on veut reconstituer l'histoire de la Terre. Comme l'histoire de l'homme n'est qu'un épisode dans l'histoire de la planète, celle-ci à son tour n'est, sans doute, du jour où ses éléments se sont groupés jusqu'à celui où ils se dissoudront, qu'un

1. Ces méthodes font l'objet des chapitres IV à IX de l'ouvrage auquel j'ai déjà renvoyé sur la *Science géologique*.

incident dans l'histoire générale de ses atomes et. pour tous ces temps qui ont précédé l'apparition de la vie sur la Terre, qui ont précédé plutôt les premiers êtres dont la trace est venue jusqu'à nous, le critérium paléontologique faisant défaut. les inductions tirées de l'analyse spectrale ou des autres procédés astronomiques apportent un utile complément aux trop rudimentaires informations déduites jusqu'ici de la seule géologie.

De même, si on ne limite pas, par une prudence facile, son champ de recherches à la croûte absolument superficielle de l'écorce terrestre, si l'on a la prétention de deviner un peu ce qui existe à une certaine profondeur dans la Terre, et ce qui constitue en réalité la presque totalité de notre globe, si l'on veut en déduire des conclusions sur l'origine et le caractère des déformations structurales, — ce qui s'impose évidemment à quiconque ne se tient pas pour satisfait d'avoir donné des noms nouveaux ou attribué des noms anciens à quelques minéraux, ou à quelques bêtes, — il faut avoir recours aux procédés de la physique ; elle seule nous déterminera la forme de la Terre, sa densité moyenne. les variations locales de la gravité, l'accroissement de la température en profondeur, la distribution et les variations du magnétisme terrestre, etc., et ce n'est vraiment pas une raison parce qu'en général les géologues abandonnent ce côté de leurs études aux physiciens, comme il peut leur arriver souvent de laisser l'analyse de leurs minerais aux chimistes, pour que ces déterminations si capitales soient mises à part de la Science géologique, ou même, pour certains naturalistes exclusifs, considérées comme négligeables.

Néanmoins, cette remarque étant faite, comme il s'agit là, en somme, de méthodes suffisamment connues, du moins dans leur principe, et dont le degré de précision ou d'approximation est celui de toutes les observations physiques, je n'insiste pas davantage sur ce point et je passe aux méthodes plus spéciales de la géologie.

Rôle de l'expérimentation en géologie. — En toute science il faut successivement observer, interpréter et expérimenter. L'observation, qui est analytique, conduit à une synthèse, dont l'expérimentation vérifie les résultats. Ce rôle de l'expérimentation en géologie demande seul un mot d'explication parce qu'il est un peu spécial. Le géologue ne peut guère, en effet, comme le physicien, reproduire dans son laboratoire les phénomènes qu'il étudie ; cela a lieu, dans certains cas, pour les synthèses de minéraux ou de roches, les déformations mécaniques de terrains, etc. ; mais, le plus souvent, et l'espace, et le temps, et les forces mêmes lui manqueraient pour réaliser, autrement que dans une caricature grossière et sans portée, quelque chose de comparable au soulèvement de la chaîne alpine, aux traînées d'éruptions volcaniques, aux déplacements des océans ou à l'évolution des espèces animales. Cette impossibilité de vérifier, par une expérimentation directe e aussitôt convaincante pour un auditoire, les conclusions admises est une des raisons principales qui laissent subsister dans beaucoup d'esprits le scepticisme auquel je faisais allusion tout à l'heure. C'est pourtant une forme d'expérimentation encore que d'annoncer, par une induction théorique, la présence d'un terrain déterminé, d'un type pétrographique, d'une faune animale ou végétale, d'un groupement de minerais, en un point jusqu'alors inabordé et d'aller ensuite, soit par une exploration superficielle, soit par un sondage, un puits, une galerie de mine, un tunnel, une tranchée, vérifier la présence des roches, des fossiles ou des minerais prévus. Dans ce sens, l'expérimentation géologique est de tous les jours et, quand elle réussit, elle apporte une certitude égale à celle qu'on peut atteindre en physique, en chimie, ou surtout en astronomie : la précision à espérer étant au fond la même, qu'il s'agisse d'annoncer l'existence de Neptune inconnu ou d'affirmer qu'un sondage recoupera le carbonifère.

Notions fondamentales. — La géologie, dès qu'on l'aborde pratiquement, se divise en un certain nombre de branches, dont le mode d'investigation, la méthode sont différentes et qui exigent, chez le savant, des connaissances, parfois des qualités intellectuelles distinctes, bien que, finalement, elles concourent toutes ensemble à reconstituer cette Histoire de la Terre, objet ici de nos efforts.

Pour énumérer ces sciences et indiquer leur but spécial et leur méthode je vais être forcé d'énoncer déjà, par une sorte de cercle vicieux apparent, quelques notions géologiques générales, qui ont été, en réalité, obtenues avant que la géologie eût subi ces bifurcations.

La première de ces notions est la distinction des éléments qui constituent la couche superficielle de la Terre en deux catégories principales: les uns, qui sont en principe l'origine première de tout le reste, ayant été produits par des réactions de métallurgie ignée, souvent à une profondeur très grande et constituant les *roches éruptives*, dans lesquelles on ne pourrait rencontrer de restes organiques que si ceux-ci avaient été empruntés à des sédiments absorbés et exceptionnellement préservés de la refusion; les autres, qui sont le remaniement superficiel des premières, ayant été déposés dans les eaux, marines, lacustres ou fluviatiles, à l'état de *sédiments* et conservant d'ordinaire quelques restes des animaux qui ont vécu dans ces eaux, ou qui y sont tombés.

De même que les roches éruptives anciennes ont été la source des sédiments, les sédiments refondus ont pu être à leur tour l'origine de roches nouvelles.

Les roches éruptives présentent toujours ce caractère d'être cristallisées. Les sédiments ont également une tendance à prendre peu à peu, par les réactions du *métamorphisme*, superficiel ou profond, ce caractère de cristallisation qui représente la forme d'équilibre de la matière ; mais ils se montrent néanmoins en grande partie à l'état amorphe.

Ceci posé, la *minéralogie* est la science des individus cristallins ou minéraux, éléments constitutifs des roches et des sédiments ; la *pétrographie* s'attaque aux groupements de ces minéraux et, plus spécialement, aux roches ; la *métallogénie* est la science des concentrations métallifères anormales qui ont formé les gîtes de minerais utiles. Puis, quand on passe aux produits remaniés sur la surface, l'étude des sédiments, en ce qui concerne leurs superpositions, caractéristiques de leur âge relatif, fait l'objet de la *stratigraphie ;* et la *paléontologie* envisage les restes organiques contenus dans ces terrains.

Mais, pour étudier l'histoire des déformations structurales subies par la Terre et retracer l'évolution de ces deux éléments physiques principaux, les montagnes et les océans, il faut pousser un peu plus loin et examiner encore les relations anormales des terrains entre eux, qui accusent, au lieu de tranquilles dépôts successifs dans un même bassin, des mouvements intermédiaires, manifestés par l'inclinaison, le redressement, le plissement de couches anciennes, sur lesquelles se sont déposées « en discordance » des couches plus récentes. La reconstitution de ces accidents, qui ont, au cours de l'histoire géologique, plissé, disloqué, soulevé, effondré des masses de terrains énormes comme des feuilles de papier froissées, et, par contre-coup, déterminé les saillies montagneuses à la surface, fait l'objet de la *tectonique* ou de l'*orogénie*. Enfin, les déplacements des mers à diverses époques (prouvés, notamment, par la présence ou l'absence en un point de dépôts marins correspondants à cet âge) et, de même, le tracé, pour une période géologique quelconque, de tous les éléments qui composent une carte actuelle de géographie physique, est le but visé par la *paléo-géographie*, ou géographie des temps anciens.

On remarquera aussitôt que toutes ces sciences distinctes se touchent par maints côtés et s'enchevêtrent, comme la géologie elle-même est en contact intime avec la physique, l'astronomie, la mécanique, la chimie, la zoologie, la botanique, etc... Il n'y a pas à vrai dire, *des sciences* distinctes, mais la Science, et c'est uniquement pour la commodité du travail que nous établissons ici des subdivisions, comme dans un atelier où des ouvriers, qui ne se connaissent pas l'un l'autre et souvent ignorent le travail de leur voisin, confectionnent, chacun de leur côté, les pièces diverses d'une grande machine; mais, s'il est permis et parfois utile aux manœuvres de rester dans cette ignorance, la coordination, la centralisation des efforts doit être établie par quelqu'un : sans quoi ces efforts isolés resteraient tout à fait stériles.

Si nous entrons maintenant dans le détail des méthodes propres à chacune de ces sciences particulières dans l'ordre où nous venons de les énumérer, nous trouverons d'abord, quand il s'agit de la minéralogie, une science physique, fondée sur la physique et la chimie et participant directement, sauf lorsqu'elle examine les gisements ou les groupements des minéraux, aux caractères et à la précision de ces deux sciences. Dans la pétrographie et la métallogénie, les méthodes propres aux sciences naturelles, encore combinées avec celles des sciences physiques, jouent un rôle déjà plus important. Enfin ce rôle devient presque exclusif quand il s'agit d'observer les superpositions de sédiments remaniés, les restes organiques contenus dans ceux-ci, ou même les relations des terrains entre eux et les déformations de la structure au cours des âges ; en sorte que ces dernières sciences, stratigraphie, paléontologie, tectonique, paléo-géographie sont plus proprement l'apanage des géologues naturalistes étrangers aux recherches physiques, les premières demeurant, au contraire, par une coupure assez bien tranchée, réservées de préférence aux géologues dont la culture est surtout physique et mathématique. Ainsi que je l'ai dit plus haut pour les applications de la physique proprement dite ou de l'astronomie à la géologie, je passerai rapidement sur ce que les méthodes géologiques ont de commun avec celles des autres sciences physiques ou naturelles pour insister seulement sur ce qu'elles ont de particulier.

Minéralogie. — La *minéralogie* se propose : 1° de reconnaître, classer et décrire les minéraux (minéralogie descriptive); 2° d'observer leurs associations et d'en expliquer l'origine (minéralogie de gisements et synthèse minéralogique); 3° de pénétrer l'intimité de leur constitution cristalline (cristallographie rationnelle).

La minéralogie descriptive ne constitue qu'un simple travail préliminaire et la cristallographie est, à proprement parler, une branche de la physique, quoiqu'elle nous éclaire, comme la physique elle-même, sur cette constitution de la matière, qui doit servir de base à toute étude sur la constitution d'un groupement matériel quelconque ; c'est par la minéralogie de gisements et la synthèse que la minéralogie nous renseignera plus directement sur l'Histoire de la Terre. Dans ces deux derniers cas, il s'agit, en étudiant les groupements naturels de minéraux et ce qu'on peut en induire sur leur mode de formation, ou en s'efforçant de reproduire cette formation même par la synthèse, de déterminer les conditions physico-chimiques existantes au point où un minéral a cristallisé, à l'instant où cette cristallisation s'est opérée. On arrivera, par exemple, à savoir, que tel minéral s'est produit, par une certaine réaction chimique, à une température, à une pression et dans un milieu donnés.

Pétrographie. — La *pétrographie* poursuit un but analogue, également par l'étude des gisements et par la synthèse, ou par l'observation des circonstances actuelles, telles que le volcanisme, où cristallisent encore des roches sous nos yeux ; mais elle s'attache à un problème à la fois plus difficile et pourtant déterminé par quelques équations de plus, puisqu'il s'agit, parmi les diverses conditions parfois assez nombreuses, dans lesquelles chacun des minéraux a pu se former, de choisir celles qui sont communes à tous les minéraux associés et qui ont pu réaliser le type de leur association.

La pétrographie étudie ainsi en elles-mêmes les roches, qui sont des groupements minéralogiques, déterminés tant par la nature de ces minéraux que par leur agencement ; mais elle examine aussi les relations des roches avec les terrains sédimentaires, en s'efforçant d'apprécier les conditions de formation de la roche, à une profondeur plus ou moins grande, sous une pression plus ou moins forte, en présence de tels ou tels minéralisateurs et en cherchant, du même coup, à préciser l'époque où cette roche a cristallisé : ce dernier point pouvant se conclure des terrains fossilifères encaissants, soit influencés par la roche ignée et, par conséquent, antérieurs à sa consolidation, soit déposés après coup par-dessus elle ou en ayant englobé plus loin des débris. On parvient ainsi à reconnaître qu'à un instant déterminé du temps, au point où telle roche s'est formée, ce qui est aujourd'hui la surface se trouvait à telle ou telle profondeur au-dessous de la superficie toute différente existant à cette époque et qu'à ce moment il existait là telle pression, telle température, tels dégagements de gaz, etc.

Métallogénie. — La *métallogénie* fournit des

renseignements du même genre en s'attachant à ces groupements minéralogiques spéciaux, où se sont trouvés concentrés « d'une façon anormale » des éléments chimiques quelconques. Le fait que cette concentration est anormale résulte de leur utilisation même, puisqu'une substance est toujours appréciée et recherchée, en raison de sa rareté, aux points où on la trouve le plus abondamment et dans les conditions les plus fructueuses. Le caractère anormal et exceptionnel de cette concentration, avec les facilités d'étude toutes spéciales que procure souvent, jusqu'à de grandes profondeurs, l'utilisation pratique et industrielle prête donc un intérêt particulier aux gisements métallifères ; eux seuls nous apportent quelques renseignements, non plus sur les conditions très superficielles de la Terre, auxquelles la force des choses nous fait attribuer en géologie une importance extrêmement exagérée, mais sur les conditions un peu plus profondes que l'on rencontrerait plus bas si l'on traversait une pellicule de deux kilomètres ou trois d'épaisseur, dans la zone d'où ces éléments métallifères plus rares ont toutes les chances pour provenir.

Les méthodes de la métallogénie, observation directe, synthèse et étude des relations avec les terrains encaissants, sont tout à fait analogues à celles de la pétrographie.

Stratigraphie. — Avec la *stratigraphie* nous entrons, au contraire, dans un autre domaine, plus strictement géologique et il y aura donc lieu d'insister d'avantage. Il s'agit ici d'observer les superpositions locales de terrains, en assimilant à distance les terrains de même âge, de manière à établir une série chronologique générale et commune à toute la Terre, dans laquelle on puisse plus tard faire rentrer tous les incidents particuliers. L'observation fondamentale dont on part est l'horizontalité approximative de tous les dépôts marins au moment de leur formation : d'où résulte que deux dépôts successifs dans une même mer sont, en principe, formés par deux couches horizontales et superposées.

L'application de la méthode serait, dès lors, extrèmement simple et, en quelque sorte, automatique si chaque terrain apportait avec lui sa détermination d'âge précise, quelque chose comme une fiche indicatrice ; il suffirait alors d'enregistrer des séries locales aussi nombreuses que possible et de les combiner dans une série générale en identifiant leurs points communs. On a cru, à diverses reprises, avoir trouvé un critérium semblable. Ainsi les premiers observateurs pensaient pouvoir admettre qu'un terrain gardait, au moins dans une certaine étendue, un même type pétrographique en rapport avec son âge ; et, surtout quand les fossiles faisaient défaut ou semblaient mal déterminables, on s'est guidé souvent au début sur cette notion extrêmement dangereuse des « faciès » pour établir des assimilations illusoires. C'était oublier que le faciès d'un terrain caractérise ses conditions de dépôt et non son âge et que ces conditions ont pu simultanément varier d'un point à l'autre, tandis qu'elles se reproduisaient, au contraire, successivement au même point; sur la longueur d'une même côte, il a pu se déposer à la fois des argiles, des sables et des galets, tandis qu'un récif corallien continuait à s'élever pendant plusieurs périodes géologiques.

Un autre guide a semblé ensuite pouvoir être suivi avec une confiance absolue, c'est la faune paléontologique. Alors que l'on admettait les créations successives de Cuvier et de d'Orbigny, ces refontes intégrales de la faune entière à certaines époques après une série de cataclysmes, on pouvait voir dans les fossiles de véritables médailles, portant, au lieu d'une effigie de souverain, la notation d'un âge géologique; plus encore que les médailles à fleur de coin, les fossiles non roulés ni remaniés pouvaient être considérés comme représentant l'âge de la couche où on les rencontrait; chaque fossile étant par lui-même caractéristique d'une certaine création portant le numéro d'ordre X ou Y, le terrain lui-même se trouvait alors, par la rencontre d'un seul organisme **vivant**, déterminé d'une façon absolue.

Avec l'idée d'évolution substituée à l'idée de cataclysmes, la difficulté est apparue beaucoup plus grande ; car l'évolution des espèces vivantes doit être considérée, en principe, comme un phénomène local, soumis ici à des accélérations, là à des retards, peut-être même, quoique la plupart des paléontologues en nient la possibilité, à des retours en arrière, à des rétrogradations. Tandis que l'évolution d'une espèce se fait vite, sa voisine s'immobilise ; la vie de la première peut être limitée à une très courte période, alors que la seconde s'étale sur toute la durée des temps. De même que nous avons pour contemporains des hommes de l'âge de pierre, ou des animaux dont les formes étranges accusent des périodes géologiques très anciennes, de même il a pu subsister par endroits, à une époque quelconque, des êtres caractéristiques des époques antérieures.

Pour remédier à ces difficultés, on a d'abord essayé de caractériser l'âge d'un terrain, non plus par un fossile unique, mais par un ensemble de fossiles, imaginant que les causes locales retardatrices ou accélératrices d'une espèce devaient se compenser pour l'ensemble en une sorte de moyenne. Puis on est convenu de n'envisager pratiquement que certains êtres, considérés à un moment donné comme « bons fossiles », parce que leur transformation avait été alors rapide, en négligeant les « mauvais fossiles » dont le changement avait été trop lent.

On s'est fondé, pour en avoir le droit, sur cette observation de fait généralement admise par les paléontologues (du moins jusqu'à nouvel ordre) que les conditions de vie semblent avoir été très uniformes sur l'ensemble de la Terre dans les temps anciens et s'être seulement particularisées peu à peu ; en sorte que si, en théorie, on doit supposer des évolutions locales indépendantes à marche inégale, en fait, l'évolution paraît avoir été longtemps singulièrement concordante d'un bout de la Terre à l'autre, surtout pour les animaux de haute mer. Quand on est conduit, par tout un ensemble de caractères, à envisager comme du même âge deux terrains rencontrés dans l'Inde et en Europe, si l'on y observe une espèce marine, elle est d'ordinaire représentée par les mêmes formes : ce qui s'explique par les communications générales qu'ont toujours dû offrir les mers. Il serait d'ailleurs singulier, même pour des animaux fixés au rivage, lacustres ou continentaux, que deux espèces, évoluant indépendamment l'une de l'autre dans deux pays distincts, aient atteint plus ou moins vite exactement le même type ; en pareil cas, il semble qu'il se serait produit de préférence deux variétés différentes. La variété bien déterminée et particularisée est donc représentative d'un instant déterminé dans l'évolution[1]. Enfin, pour répondre à la permanence apparente de certains êtres d'un bout à l'autre de l'échelle géologique, les paléontologues ont aujourd'hui, en général, l'opinion qu'aucune espèce n'est restée réellement immobile; si, dans deux niveaux d'âge différent, on rencontre deux fossiles qu'on croit les mêmes, c'est, disent-ils, simplement parce qu'on ne sait pas encore les distinguer l'un de l'autre. Et il est de fait que les progrès accomplis chaque jour dans la détermination des êtres, les coupures de plus en plus nombreuses établies, par des procédés d'investigation nouveaux et plus perfectionnés, dans des groupes qui semblaient autrefois compacts, peuvent inspirer confiance pour l'avenir dans cette prétention, actuellement encore un peu ambitieuse, de reconnaitre, pour un fossile quelconque, indépendamment de toute stratigraphie, à quelle phase historique de l'évolution il a été réalisé.

1. On peut cependant imaginer un transport d'un point à un autre, qui aurait eu pour résultat de faire vivre dans le second à l'époque n + p (p durée de la migration) l'être qui vivait dans le premier à l'époque n ; mais il est peu probable que ces transports d'espèces évoluées aient jamais exigé des périodes bien longues ; ou, s'ils avaient été longs, ils auraient été accompagnés d'une nouvelle évolution.

Ainsi donc, en dépit de quelques restrictions, qui sont peut-être provisoires, la paléontologie nous fournit, pour connaître l'âge des terrains, un chronographe remarquablement précis et certainement destiné à acquérir dans l'avenir plus de précision encore. Ce chronographe paraît même, en raison de la remarque faite plus haut sur l'uniformité des climats et des conditions vitales dans les temps primitifs d'un bout à l'autre de la Terre, avoir été particulièrement exact à l'origine de la vie, pour perdre ensuite peu à peu sa rigueur. Il est certain que les périodes les plus récentes de l'histoire géologique, celles immédiatement antérieures à l'homme ou contemporaines de ses premiers pas, sont, pour diverses causes et contrairement à ce que l'on croirait d'abord, les plus difficiles de toutes à élucider, celles pour lesquelles les déterminations sont souvent le plus sujettes à caution.

L'âge des terrains, que nous obtenons ainsi par la stratigraphie paléontologique, est, il ne faut pas l'oublier, uniquement un âge relatif et non un âge absolu. Il ne saurait être, avant longtemps, question pour les géologues d'évaluer leurs périodes en années. Peut-être, comme je le dirai dans un chapitre ultérieur, y arrivera-t-on un jour en établissant la concordance de certains grands mouvements généraux à caractère cyclique, tels que des avancées et des reculs alternatifs de la mer, avec des variations dans les éléments astronomiques de notre système solaire. La voie est ouverte dans ce sens à des recherches dont le résultat serait l'un des plus intéressants qu'on puisse obtenir en géologie; mais nous sommes encore bien loin de cette solution, qui, pour être établie avec quelque certitude, doit s'appuyer sur un immense travail de coordination : travail à peine commencé encore pour certaines régions privilégiées et resté au contraire à l'état de page blanche dans de vastes parties du globe. Jusque-là, nous devons nous contenter de connaître l'âge relatif des terrains, ou l'ordre de leur formation, et c'est dans ce sens qu'ont été déterminées les grandes divisions classiques en temps primaires, secondaires et tertiaires, avec toutes les subdivisions qu'il est inutile de rappeler ici. En deux mots, il suffit de dire qu'on a établi, dans l'histoire de la Terre, une soixantaine de compartiments, portant, si on le veut, chacun un numéro d'ordre de 1 à 60[1], et que le premier résultat d'une étude géologique locale doit être d'attribuer au terrain rencontré en un point quelconque le numéro d'ordre qui lui convient, afin de le caractériser et de pouvoir ensuite raisonner sur lui.

---

1. Je reproduirai à l'occasion, pour la commodité du langage, ces numéros d'ordre tels qu'ils sont déterminés dans l'ouvrage déjà cité sur la *Science géologique*. Voir plus loin, p. 305.

Ces soixante compartiments représentent, comme je le dirai bientôt, des divisions très arbitraires, dont les limites sont difficiles à tracer et varient suivant le point de vue choisi ; il faut les regarder comme conventionnelles et ne leur attribuer aucun caractère absolu, quoique en principe on se soit efforcé de faire commencer ou finir les principales à ces dates caractéristiques, qui paraissent, au moins dans certaines théories, avoir marqué des phases critiques dans l'histoire du globe : par exemple, des effondrements suivis par un brusque retrait des mers.

On peut, évidemment, au lieu de se borner à 60, les subdiviser à l'infini et, plus la stratigraphie paléontologique gagne en précision, plus on s'attache, en effet, à multiplier ces compartiments, de manière à ce que le numéro d'ordre adopté particularise de plus en plus l'âge d'un terrain et facilite les identifications. Dans cet ordre d'idées il semble même parfois aux profanes que les géologues poussent la conscience à l'excès et qu'il y a abus à établir, comme on arrive à le faire pour les régions particulièrement bien étudiées, des centaines de niveaux figurés par des petits bancs extrêmement minces, dans ce qui ailleurs forme un bloc compact et uniforme. Mais il ne faut pas oublier que ces quelques centimètres de calcaire, de vase ou de sable, auxquels on attribue ainsi une individualité, peuvent représenter dans l'histoire un nombre d'années considérable, impossible à évaluer jusqu'à nouvel ordre, des dizaines de siècles peut-être. Rien n'est donc négligeable en ce genre d'observations et si, dans la plupart des endroits, pendant une période, les conditions de dépôt étant restées exactement les mêmes, une subdivision est impossible, il serait absurde d'en conclure que, là où ces conditions ont varié, on ne doit pas en profiter. C'est, au contraire, on s'en rend compte de plus en plus, uniquement par ce travail de précision rigoureuse qu'on peut espérer arriver un jour à des conclusions générales, fondées jusqu'alors sur des assimilations tout à fait grossières, approximatives et, par conséquent, de nulle valeur.

Mais, plus on progresse dans cet ordre d'idées, plus, comme un physicien ou un astronome qui veut mesurer des fractions de longueurs ou d'arcs très minimes, il faut commencer par étudier avec soin les causes d'erreur inhérentes à l'instrument employé et tâcher autant que possible de les éliminer. C'est ce que nous venons déjà de faire en discutant la valeur de l'instrument chronologique ; mais, comme les assimilations d'un point à un autre supposent nécessairement qu'il y a identité entre les étages de même nom situés en divers points, la délimitation exacte de ces étages a éga-

lement une grande importance. A cet égard on a
parfois admis avec un peu trop de complaisance le
caractère absolu, nécessaire et théoriquement
imposé de ces subdivisions chronologiques, que
l'on doit logiquement fonder avant tout sur les
variations paléontologiques, mais que, cela fait,
il faut envisager comme conventionnelles; on a
surtout gâté les choses en voulant à la fois se
baser sur la tectonique et la paléontologie, admettant ainsi implicitement, entre les deux sciences,
une concordance rigoureuse, très vraisemblable
autrefois quand on supposait les faunes détruites
par des cataclysmes, dont les dépôts eux-mêmes
portaient l'empreinte, mais devenue bien problématique avec les idées actuelles de mouvements
lents et d'évolution.

C'est ce désaccord entre les deux méthodes adoptées pour classer les terrains que je voudrais
encore rapidement indiquer. En partant de la
paléontologie on établit, comme nous l'avons vu,
les divisions des étages (néocomien, barrémien,
aptien, etc.), d'après le progrès de l'évolution constaté chez certains fossiles à transformation rapide et
générale; mais, lorsqu'il s'agit de grouper ces étages
par systèmes (jurassique, crétacique, etc.), on prétend d'ordinaire se baser sur les grands phénomènes
orogéniques, dont nous verrons tout à l'heure la
nature à propos de la tectonique. On voudrait

ainsi établir les coupures principales aux instants où il s'est produit un changement capital dans la structure du globe : changement accusé dans la pratique par cet air de famille qui rapproche si curieusement les dépôts d'un même système sur toute l'étendue de la Terre.

Si ces changements avaient été instantanés suivant l'hypothèse ancienne; si, tout d'un coup, les flots de cette marée qu'on appelle la transgression cénomanienne avaient couvert l'Europe; si, brusquement, les Alpes avaient surgi sur l'emplacement d'une ancienne mer, cela pourrait être admissible; mais, les déplacements de la croûte terrestre ou des eaux étant aujourd'hui considérés pour la plupart comme progressifs et étalés sur de larges périodes, ayant de plus un caractère local qu'on perdait de vue quand les études géologiques étaient restreintes à l'Europe centrale, la prétention dont je viens de parler est irréalisable. Elle ne pourrait être admise que si on se bornait à certains effondrements, après en avoir démontré la soudaineté.

En attendant, les coupures de la géologie sont conventionnelles, comme toutes celles qu'on établit dans une classification quelconque ou dans une série historique à peu près continue. Pourvu qu'on ne se fasse pas d'illusion à cet égard et qu'on ne poursuive pas, par des changements sans fin dans les divisions en étages, l'illusion d'un progrès, une telle convention est sans inconvénient réel, une fois qu'on l'a bien précisée : la classification de détail, qui importe surtout, étant dès aujourd'hui strictement paléontologique.

L'étude stratigraphique et paléontologique des terrains, sur laquelle je viens d'insister un peu longuement en raison de son importance pratique, comme point de départ nécessaire, n'est, en réalité, qu'un premier jalon planté pour arriver plus tard aux résultats généraux de la tectonique et de la paléo-géographie. Il fallait d'abord savoir reconnaître et classer un élément individuel quelconque de l'écorce terrestre, minéral ou fossile; il fallait ensuite savoir définir une association de minéraux qui constitue un terrain ou une roche, un groupe d'êtres organisés qui en représente la faune; il fallait enfin savoir, par cette faune, apprécier l'âge d'un sédiment et, par la combinaison des caractères pétrographiques avec les caractères zoologiques ou botaniques, déterminer les conditions physiques dans lesquelles a cristallisé la roche ou s'est déposé le terrain. Mais, cela fait, si l'on en restait là, si l'on ne groupait pas ces conclusions partielles, si l'on ne s'en servait pas pour étudier, soit les mouvements dynamiques de la surface soit les déplacements des mers, soit les opérations complexes de la métallurgie interne, soit l'évolution des êtres vivants, pour écrire en un mot l'Histoire de la Terre, on n'aurait obtenu qu'un résultat de son travail assez médiocre et assez peu intéressant.

Tectonique. — La *tectonique* est la science qui étudie les dislocations de l'écorce terrestre, non seulement les plus visibles de ces accidents formant les chaines montagneuses, mais, d'une façon générale, tous les phénomènes d'ordre mécanique auxquels la Terre a pu être soumise. Les manifestations superficielles de ces phénomènes se prêtent tout particulièrement à une étude rigoureuse et précise ; c'est donc à elles que l'on s'attache avant tout ; leur examen fournit déjà des conclusions directes pour l'histoire de la structure terrestre et de ses déformations aux cours des âges ; mais le problème le plus important est ailleurs : il s'agit, d'après ce qui s'est passé à la surface, de reconnaitre les changements profonds, dont ces mouvements superficiels marquent seulement un contre-coup ; établir la loi de ces réactions profondes est un des buts principaux que vise la géologie.

Comme nous allons le voir en examinant sa méthode, la tectonique nécessite d'abord des déterminations paléontologiques et stratigraphiques très précises ; on doit, pour élucider des questions

aussi complexes que celles à chaque instant posées
dans les chaines montagneuses, au milieu de terrains disloqués, bouleversés, charriés, être d'abord
parfaitement sûr de son instrument chronographi-
que. D'autre part, des investigations localisées sont,
en pareil cas, condamnées à errer entre de nombreuses hypothèses toutes également admissibles
en un point particulier; c'est seulement par la
comparaison d'observations nombreuses, par la
juxtaposition de coupes dressées suivant diverses
sections d'une même chaine, que l'on peut espérer
éliminer les hypothèses inexactes en n'en retenant
à la fin qu'une seule. La tectonique n'a donc pu
se constituer que longtemps après la stratigraphie paléontologique; c'est, dans la géologie, une
des sciences les plus modernes, une de celles qui
ont abouti, par suite, récemment, aux découvertes
les plus étonnantes, aux synthèses les plus gran-
dioses, aux inductions les plus frappantes pour
l'imagination.

Là surtout, comme je l'ai dit dès le début, celui
qui n'a pas été familiarisé de longue date avec la
pratique géologique et qui ne s'est pas trouvé
ainsi conduit par la main doucement des premières
observations élémentaires aux dernières théories
les plus hardies, a quelque peine à admettre
d'abord les phénomènes extraordinaires dont on
parle aujourd'hui couramment : des montagnes

de 8.000 et 9.000 mètres prenant la place d'une mer, puis se transformant par érosion en une plaine ; des lambeaux de terrains, grands comme un département, se renversant de fond en comble et se prêtant à un charriage sur des 50 ou 100 kilomètres de long pour laisser ensuite, en quelques points où ils se sont trouvés percés, transparaître leur soubassement par des jours, comme par des fenêtres. Il y a pourtant là encore, dans notre étonnement, un reste de cette vieille tendance, si instinctive chez l'homme, qui le pousse en tout à prendre ses propres dimensions pour mesure ; si, au contraire, on rétablit ces accidents à l'échelle de la Terre, le soulèvement même d'un Himalaya apparaît, sur une sphère de 6.400 kilomètres de rayon, comme une ride presque imperceptible ; les « charriages », dont les dimensions ont stupéfié d'abord, restent bien petits quand on les compare à la longueur de ces plissements montagneux dont ils représentent le déplacement transversal et qui embrassent un méridien entier. Il faut, d'ailleurs, quelle que soit notre difficulté à les concevoir et surtout à les expliquer, envisager maintenant un grand nombre de ces conclusions tectoniques comme des faits rigoureusement établis et bien démontrés par l'accord réitéré des observations nouvelles avec les premières hypothèses.

Une des conséquences les plus curieuses de la

tectonique est qu'elle permet d'étendre aux zones anciennement plissées, où toutes les traces super-ficielles de ces plissements ont depuis longtemps disparu par le fait des érosions, les résultats obtenus pour les grandes chaînes montagneuses, dont la saillie ne subsiste que parce qu'elles sont récentes.

On arrive ainsi à suivre, sur la surface de la Terre, dans des régions où le géographe ne voyait que des plateaux et des plaines, des montagnes disparues, usées jusqu'à la racine, qui jadis se dressèrent avec la hauteur des Andes, du Caucase ou de l'Himalaya; on relève, on reconstitue, d'après leur plan, ces édifices disparus ; on assiste de nouveau à la naissance de ces montagnes, à leur vie, à leur destruction ; on retrouve, dans les dépôts des torrents qui en découlaient, des lacs ou des lagunes qui en formaient la bordure, les restes des plantes, des arbres, des animaux qui y vivaient, les débris des roches ou des minerais qui affleuraient alors à leur surface ; l'imagina-tion aidant, on les ressuscite ainsi tout entières. avec leurs saillies, leurs glaciers, leurs frondaisons ; et la vie des individus, celle des nations, celle même des races apparait alors d'une importance bien misérable quand on a cru voir, en quelques courtes périodes géologiques, surgir et s'évanouir ces colosses.

Par l'examen de ces chaînes anciennes si fortement érodées et décapées, on acquiert, en même temps, les notions les plus précieuses sur cette continuation profonde des déplacements superficiels, qui, d'après une remarque précédente, nous importe particulièrement. D'une chaîne montagneuse encore en saillie, nous sommes incapables de connaître autre chose que le mince bourrelet extérieur dressé à quelques kilomètres à peine au-dessus des mers; les tunnels mêmes, qui perforent les monts entre deux hautes vallées, n'atteignent de ces plissements que l'épiderme et, selon toute apparence, la zone la plus bouleversée par toutes sortes de réactions accidentelles, en même temps que la plus compliquée. Mais les montagnes se détruisent jour par jour par le travail des eaux et tendent à s'aplanir peu à peu en se nivelant sur les plaines voisines. Si nous pouvions, dans quelques centaines de siècles, revenir sur l'emplacement des Alpes, alors entamées dans leur masse, nous en verrions apparaître au jour une section horizontale profonde ; quelques milliers d'années plus tard, nous découvririons, de la chaîne disparue, une section encore plus basse. Or, ce que la durée de la vie humaine nous interdit ici, nous pouvons le faire approximativement en envisageant, sur la surface actuelle de la Terre, diverses chaînes montagneuses, que la tectonique

nous apprend avoir été de plus en plus anciennes
et qui, ayant présenté sans doute à l'origine une
disposition analogue, ont des chances pour avoir
été de plus en plus profondément entamées, à
mesure qu'elles sont plus vieilles. La structure
géologique de la Norvège, sur laquelle on super-
poserait ainsi celle du Plateau Central, puis celle
des Alpes, peut nous donner une idée de ce qu'on
verrait si l'on pouvait, au-dessous des Alpes mêmes,
descendre à une profondeur de quelques kilomètres. Et l'une des premières conclusions à en déduire est, comme on pouvait s'y attendre, la sim-
plification progressive des phénomènes, quand on
descend vers la zone centrale, avec la disparition
rapide de ce très mince manteau sédimentaire,
qui nous est si commode pour établir des dis-
tinctions d'âge, mais dont le rôle est si insignifiant
pour l'ensemble de la Terre ; on constate, en
même temps, la substitution profonde, à ces sédiments, d'abord de produits recristallisés par métamorphisme, puis de roches entièrement fondues,
pour lesquelles les actions ignées et la métallurgie
interne paraissent être seules intervenues.

Ce n'est naturellement pas du premier coup,
mais de proche en proche, et très progressivement, qu'on est arrivé ainsi à jongler avec les
dimensions de la Terre et à la considérer tout
entière comme une petite boule scoriacée, dont on

s'imagine suivre le morcellement, le craquellement et les contractions à travers les âges. Un bref rappel des étapes parcourues dans cette étude mettra en relief ici même, dans un cas où la géologie moderne s'est le plus hardiment écartée du premier et instinctif actualisme, l'application de ces grandes théories générales, que nous avons vues à l'œuvre pour l'ensemble de notre Science dans le chapitre précédent et montrera, du même coup, comment s'est constituée la méthode actuelle.

En tectonique comme ailleurs, on a cru tour à tour à l'immuabilité, aux cataclysmes et à l'évolution, pour arriver aujourd'hui à une combinaison plus rationnelle de ces trois hypothèses.

L'homme n'a pas dû garder longtemps ses premières illusions sur la stabilité indéfinie de notre globe dans ces régions à civilisation très ancienne, comme la zone méditerranéenne, où se répètent sans cesse les tremblements de terre et les éruptions volcaniques. L'idée que la Terre n'est pas solide, mais sujette à trembler, à craquer, à s'ouvrir, à vomir des matières en fusion et des flammes, est extrêmement ancienne, impliquée dans toutes les cosmogonies antiques et, dès que l'on a bâti plus tard des théories géologiques, on n'a pas hésité à invoquer ces ruptures soudaines, ces chavirements portant sur des fragments entiers de l'écorce, pour expliquer les soulèvements de mon-

tagnes, le relief même des continents. Sans remonter plus loin, il y a, par exemple, dans les
principes de philosophie de Descartes (1644), une
coupe théorique de la Terre, qui, en changeant un
peu le sens des figurés, conviendrait presque à nos
théories orogéniques modernes. Mais les premières
observations précises sur les déplacements relatifs
de terrains ont été faites dans les mines, où l'on
en observait des exemples particulièrement nets
sous la forme de fractures et d'affaissements verticaux, avec ces filons qui incrustent de grandes
fentes sur des dizaines de kilomètres de long, avec
ces failles qui, coupant un terrain donné, créent
brusquement, entre ses deux tronçons, une dénivellation de cent mètres. Conformément aux notions
ainsi acquises, l'idée de faille, ou d'accident vertical,
a dominé presque exclusivement, pendant la plus
grande partie du XIX° siècle, dans tous les premiers essais de la tectonique.

Comme la superficie nous donne en principe une
coupe à peu près horizontale des terrains géologiques, quand on trouvait côte à côte au même
niveau deux étages dont l'un aurait dû être super-
posé à l'autre, on traçait alors, suivant leur contact, une faille et l'on n'en cherchait pas plus long.
La méthode tectonique était ainsi réduite à sa plus
simple expression. Les progrès de cette science
sont venus seulement, quand on a été aux prises

avec les régions montagneuses, d'abord négligées par la plupart des géologues qui trouvaient, dans les pays de plaines, un champ d'études à tous égards plus facile. Là il suffisait d'ouvrir les yeux et de regarder à quelque distance ces parois de montagnes, où les rebroussements des couches et leurs sinuosités se dessinent comme sur une coupe théorique, pour se rendre compte qu'en dehors des accidents verticaux, les plissements et, par conséquent, les compressions horizontales de l'écorce avaient joué un rôle. L'observation avait déjà été faite par de Saussure à la fin du XVIIIᵉ siècle ; Élie de Beaumont la généralisa et, dans une induction géniale, en fit la base de sa théorie du « rempli », c'est-à-dire du plissement produit dans l'écorce superficielle avec déversement latéral par la nécessité de continuer à s'appliquer sur un noyau qui se contractait en se solidifiant : c'est ainsi qu'il put le premier synthétiser les diverses saillies montagneuses du globe, établir leur âge relatif, les grouper et les coordonner.

Puis on alla plus loin et l'on précisa ; avec une patience minutieuse et d'autant plus admirable qu'elle s'appliquait souvent à des régions d'un accès si ardu, les géologues alpins se sont appliqués à démêler le jeu complexe de tous ces éléments disloqués, à retrouver, dans ces débris ruinés d'un édifice détruit, l'agencement primitif ; ils ont été bien payés de leurs peines, puisque leurs études de détail ont permis la merveilleuse synthèse de M. Suess et tous les travaux qui, inspirés d'abord par ce grand ouvrage, ont créé peu à peu, avec son étonnante envergure, notre tectonique moderne.

Pour raisonner en tectonique et établir les résultats si curieux auxquels je viens de faire allusion, il faut, d'après les terrains géologiques observés à la surface, reconstituer par la pensée leur allure profonde ; ce qui se fait au moyen de sections verticales aussi nombreuses que possible. La concordance profonde de ces coupes, qui, toutes, avec des éléments observés à la surface, contiennent une part d'hypothèse, en prouve d'autant plus l'exactitude que ces coupes sont plus nombreuses et de directions plus variées. Si, après avoir tiré des faits superficiels tout l'enseignement qu'ils comportaient et construit en conséquence une image supposée de la profondeur, on peut vérifier l'exactitude de cette image par un travail souterrain, tunnel, puits ou sondage, l'hypothèse, qui a servi de point de départ, pourra être considérée comme démontrée, dans la mesure où une expérience physique est démonstrative.

Cela se produit, notamment, dans un des cas les plus classiques de terrains charriés et renversés, le long du bassin houiller franco-belge et les inductions théoriques ont entraîné alors, comme confirmation pratique, la découverte de couches houillères en des points où les théories trop simples, autrefois adoptées, n'en auraient pas fait soupçonner la présence. Une telle possibilité de vérification est malheureusement très exceptionnelle ; mais la nature elle-même peut nous fournir, par l'exploration d'une région jusqu'alors inconnue et, par conséquent, non prise en ligne de compte dans l'établissement des théories, une vérification du même genre. C'est ce qui arriverait, par exemple, pour certaines grandes hypothèses récentes sur la structure des Alpes, où l'on suppose que toute la chaîne a été chavirée et écrasée sous le passage d'une masse montagneuse formant traîneau et venue du Sud, si l'on retrouvait quelque part, au Nord, des débris de ce traîneau méridional.

Voici, en deux mots, comment l'on arrive à ces notions de renversement et de charriage, qui jouent un si grand rôle dans les théories actuelles.

La succession stratigraphique des terrains ayant été une fois bien établie, on constate, dans certaines régions, que les terrains apparaissent superposés en sens inverse de leur âge réel et comme la tête en bas. Le fait n'est pas exceptionnel, mais assez fréquent et, si la constatation n'en est pas plus ancienne, c'est qu'il se manifeste surtout dans

les régions montagneuses (ou. pour les vieilles
chaînes plissées, dans la profondeur) : par conséquent, dans des conditions où les terrains sont
généralement altérés par le métamorphisme dynamique et chimique, où leurs fossiles ont été en
grande partie détruits, où la reconnaissance précise des niveaux paléontologiques est souvent
difficile et où, en outre, on pouvait croire d'abord
à un simple éboulement de surface, tout à fait
accidentel. D'autre part, il est rare qu'une coupe
naturelle montre directement les divers terrains
superposés sur une grande étendue ; en général,
on déduit plutôt leur superposition de leur présence à des niveaux de plus en plus élevés sur le
flanc d'une montagne ; on était donc, à première
vue, tenté d'expliquer leur distribution anormale par
des dénivellations en échelons résultant de failles
et c'est seulement parce que la constatation précise, incontestable, de renversements étendus à
de vastes régions a été faite en des points de
plus en plus nombreux, qu'aujourd'hui on s'enhar-
dit à invoquer aussitôt de tels phénomènes (peut-
être parfois avec une exagération inverse) dès qu'ils
fournissent une explication commode aux anomalies observées.

Les *renversements,* que l'on observe ainsi, ont,
en général, pour point de départ le chavirement
d'un pli serré, qui, d'abord dressé verticalement,

s'est ensuite incliné et couché en s'allongeant de plus en plus à l'état de *nappe*, comme une lame flexible sortant à ses deux extrémités d'une filière. En quelques régions, il y a continuité directe entre la racine du pli et sa saillie déversée ; ailleurs il faut établir cette continuité par tronçons ; quelquefois on est réduit à la supposer.

Mais ce n'est pas seulement une série de terrains anormalement renversés, culbutés, que l'on rencontre dans certains cas ; il arrive d'observer, sur une même coupe. la superposition de plusieurs séries semblables et, par exemple, l'ordre de dépôt normal des terrains étant 1, 2, 3, 4, de trouver l'une sur l'autre plusieurs séries 4, 3, 2, 1, puis 1, 2, 3, 4, puis encore 4, 3, 2, 1, avec plus ou moins de lacunes introduites par le mécanisme. On est alors amené à supposer qu'au lieu d'un pli unique, les terrains, dont il faut s'habituer à concevoir l'étonnante flexibilité, ont formé un plissé complexe, une succession de plis renversés et charriés les uns par-dessus les autres, de nappes ou d'écailles superposées. Cette flexibilité, cette facilité à se plisser (parfois avec un minimum de dislocation) est un fait expérimental ; le rôle de l'hypothèse commence quand il s'agit de l'expliquer : ce qu'on est aujourd'hui tenté de faire en supposant ces plissements opérés déjà à une certaine profondeur, sous des surcharges énormes de terrains, qui empêchaient les ruptures et facilitaient la plasticité. Beaucoup de géologues sont disposés à admettre que ces grands plissements montagneux, dont j'indiquais tout à l'heure la durée éphémère et la disparition rapide par l'érosion, n'ont eux-mêmes commencé à se manifester au jour que par une première phase d'érosion, ayant été d'abord formés souterrainement sous un couvercle de sédiments maintenant disparus.

J'ajoute que les phénomènes déjà compliqués, dont je viens d'indiquer la nature, peuvent être, dans la réalité, beaucoup plus complexes encore. Il arrive que le massif charrié, ou *lambeau de poussée*, ait entraîné avec lui à sa base une partie du soubassement sur lequel il frottait, une *lame de charriage* non renversée, mais déplacée horizontalement; de plus ces couches sous-jacentes, sans être entraînées, ont pu être retroussées. Le lambeau de poussée, à son tour, après avoir été renversé et apporté loin de son origine première pendant une période ancienne de plissement, a pu être plus tard, au point où il s'était déposé, plissé de nouveau avec son substratum et former ainsi des *plis intervertis* ou *retroussés*. Enfin des ouvertures, pratiquées par l'érosion dans la nappe supérieure, peuvent, par endroits, comme des *fenêtres* auxquelles on les a comparées, permettre d'apercevoir, sous un terrain ancien, sa base de terrains récents.

Ce sont là, je le répète (sauf application problématique dans tel ou tel cas particulier) des faits d'observation qui, dans leur principe, ne sont plus contestables et qu'il s'agit seulement de savoir reconnaître à propos, puis interpréter en les coordonnant. L'époque, à laquelle chacun de ces mouvements s'est produit, est déterminée : d'un côté, par l'âge des terrains qu'il a influencés au lieu de les laisser déposés horizontalement et, de l'autre, par celui des couches non déplacées. On voit aussitôt l'étonnante mobilité que l'on est amené à supposer dans l'écorce terrestre, d'abord dans les chaînes montagneuses actuelles, puis, par extension, sur l'emplacement de ces chaînes anciennes, aujourd'hui remplacées par des plateaux, c'est-à-dire finalement, et à la condition de remonter assez loin dans l'histoire de la Terre, sur toute l'étendue de notre globe. On se trouve ainsi entraîné, non par des inductions en l'air, mais par la simple nécessité d'expliquer des faits positifs et indéniables, à se faire de la constitution terrestre une idée qui est bien éloignée de l'actualisme vulgaire, applicable peut-être isolément et localement à chacun des phénomènes, mais inadmissible pour leur ensemble. Il faut, quelque désir que l'on ait de ne pas se perdre dans le domaine nébuleux des rêveries, élargir ses vues jusqu'aux dimensions de la Terre que nous considérons, ne fut-ce que pour expliquer ces manifestations toutes superficielles et relativement si restreintes, à plus forte raison si l'on voulait envisager tout l'ensemble de la planète.

En un seul point de la Terre, nous pouvons constater que, dix fois, la mer est revenue, a accumulé ses dépôts pendant des périodes géologiques, a disparu pour laisser à sa place un continent émergé où affleuraient au jour les dépôts précédents, inclinés et plissés, avec des craquelures où montaient les métaux, où s'élevaient les roches volcaniques en fusion, puis est revenue de nouveau avec une égale profondeur ; nous voyons que, sur ce point, s'est étendue un beau jour une nappe charriée, formée de terrains renversés, dont l'origine était 100 kilomètres plus loin et cette nappe a couvert elle-même des dizaines de kilomètres ; il est probable qu'elle subissait la surcharge de plusieurs kilomètres de terrains enlevés par l'érosion ; après quoi, à cette même place, le sol s'est ébranlé encore une fois et tout cet ensemble, déjà si complexe, a pu être plissé, disloqué de nouveau.

Ce que nous observons ainsi en un point de la Terre, nous le voyons se répéter sur toute la longueur de chaînes montagneuses, qui se poursuivent, comme des rides géologiquement continues, à travers l'Europe et l'Asie, sur la longueur des deux Amériques ; et partout nous reconnaissons l'unité de phénomènes poursuivis simultanément sur de telles longueurs avec des caractères analogues ; dans les temps anciens, comme aujourd'hui même, nous pouvons tracer des cercles de feu synchroniques qui, de période en période, se sont déplacés à la surface de la Terre : cercles de feu, sur toute la longueur desquels montaient à la fois des roches en fusion par d'innombrables évents volcaniques, tandis qu'au-dessous de ceux-ci, avec une extension encore plus grande, cristallisaient les roches profondes.

Nous découvrons ainsi, dans la structure de la Terre, une transformation progressive, une variation et un déplacement des traits généraux, une consolidation par tronçons, qui représente une évolution, avec des phases critiques qui nous ramènent dans une certaine mesure au catastrophisme ; et le caractère de généralité, l'ampleur que nous attribuons ainsi aux phénomènes, s'accentuent encore quand, par l'astronomie, nous remettons la Terre à sa place parmi les éléments du système solaire et celui-ci parmi les éléments du système plus vaste auquel il se rattache, quand nous reconnaissons et distinguons, dans l'espace, des astres dont l'analyse spectrale nous montre l'analogie fondamentale avec la Terre, mais arrêtés ou parvenus à des phases inégales de leur évolution. Il n'est plus possible alors de se borner à expliquer les volcans par une combustion de pyrite ou de houille, les terrains inclinés ou renversés par une inégalité de fond de mer ou par un éboulement, les concentrations de métaux par un lessivage superficiel de roches qui en renferment aussi des traces, ou même de rattacher tous ces accidents à des manifestations actuelles un peu plus raffinées et toujours insuffisantes. On ne peut se soustraire à l'évidence de phénomènes généraux, profonds, en rapport avec l'évolution cosmique et avec le tourbillon universel d'atomes ou d'énergies qui constitue la matière.

Paléo-géographie. — Nous arrivons à une conclusion du même genre par la *paléo-géographie*, c'est-à-dire par la science qui, comme nous l'avons vu, se propose de reconstituer la géographie physique aux diverses époques, ou d'écrire, en quelque sorte, l'histoire, l'évolution de cette géographie. La paléo-géographie n'est, en effet, que la coordination systématique des résultats acquis en tectonique et en stratigraphie indépendamment des explications que ces deux sciences peuvent en donner. Nous avons appris : par la tectonique, que, pendant une période déterminée, telle région était montagneuse ou se disloquait; par la stratigraphie, que, dans le même temps, telle autre était recouverte par une mer, une lagune saumâtre, un lac d'eau douce, ou, au contraire, émergée. La stratigraphie et la paléontologie nous enseignent, d'autre part, où étaient les rivages, où les estuaires, où les récifs de coraux, où la haute mer; elles nous font même connaître la nature du fond vaseux ou sableux sur les côtes, la profondeur, la température des eaux; les communications d'une mer à l'autre s'accusent par des correspondances de faunes et les interruptions par la diversité de faunes marines simultanées; les restes des êtres continentaux, animaux ou plantes, nous disent le climat, la végétation, l'altitude, l'aspect du pays; la pétrographie nous montre la place des volcans; nous pouvons même peut-être, d'après des observations récentes, reconstituer la distribution magnétique du globe dans un âge ancien; nous avons donc tous les éléments d'un atlas physique, qui arriverait presque à être complet si les mers actuelles, sur le fond desquelles nous sommes si mal renseignés et les régions polaires recouvertes par les glaces, où se trouve le nœud de tant de problèmes, ne nous jetaient souvent dans de grandes incertitudes.

En traçant ainsi une série de cartes géographiques pour les périodes successives de l'histoire terrestre, on voit, comme dans un kaléidoscope mouvant, les mers changer à chaque instant de forme et de place, les continents émerger un instant, puis s'enfoncer sous les eaux. C'est cette transformation presque absolue d'une époque à l'autre qui attire d'abord l'attention et sa marche semble, à première vue, tout à fait désordonnée; un examen plus attentif peut cependant faire apercevoir certains traits relativement constants, fixés dès la première heure ou établis à un instant déterminé et ensuite immuables; les mêmes observations semblent également susceptibles de mettre en lumière un rythme, une période dans la marche de ces flux et de ces reflux. Cette dernière conclusion aurait un intérêt si puissant pour l'histoire de la structure terrestre, en permettant peut-être de la dater par rapprochement avec des influences astronomiques à phase connue, qu'on ne saurait trop s'attacher à en poursuivre la démonstration; c'est un travail qui exige une précision toute spéciale dans les identifications paléontologiques; car il est évident qu'une carte, dont les éléments ne seraient pas rigoureusement synchroniques, perdrait par là toute valeur.

CHAPITRE III

Les forces en jeu dans les transformations de la structure terrestre et leurs effets généraux.

Agents physiques, chimiques et organiques. — Rôle de la chaleur et de l'eau, de la cristallisation, de l'altération superficielle, du ruissellement et de la sédimentation.

Comme un être vivant, la Terre se transforme sans cesse et ce sont ces transformations qui constituent son histoire. A toute heure, ses éléments matériels se déplacent, se dissocient et entrent dans des groupements nouveaux par l'effet des énergies diverses, qui elles-mêmes, pour nos sens, changent, sans se lasser, de nature. Individuellement, chaque incident de cette évolution est régi par des lois étudiées dans les diverses sciences qui portent le nom de mécanique, physique, chimie, biologie, etc.; l'effet général de tous ces incidents sur la structure de la

Terre est le champ spécial auquel s'attache la Science géologique.

Parmi les forces qui interviennent ainsi et que nous allons avoir à examiner successivement, les unes, comme la sédimentation ou l'activité organique, n'ont qu'un rôle purement superficiel et procèdent, on peut le dire, par minces retouches, par menus coups de burin successifs ; d'autres, comme les fusions profondes, quelle qu'en soit du reste l'origine première, ont un champ d'action interne beaucoup plus vaste et, dans un temps qui peut être très court, déterminent des changements considérables. Tantôt l'activité a pour conséquence un relèvement du relief : c'est le cas pour les plissements, produits sans doute originairement par la chaleur interne, ou, dans des proportions infiniment plus restreintes, pour les édifices de certains organismes constructeurs. Ailleurs ce relief tend, au contraire, à s'aplanir et à disparaître : c'est l'effet des eaux superficielles et de la gravité. Physiquement, deux forces inverses paraissent d'abord en jeu : l'attraction terrestre, qui fait descendre ou tomber les produits meubles et les eaux ; l'attraction sidérale, qui soulève les marées, avec l'activité solaire qui pompe les eaux terrestres vers les nuages et leur permet ainsi de se reprécipiter ; mais il faut, en outre, tenir grand compte de la chaleur interne, résidu probable d'un ancien état de choses cosmique, où la Terre entière formait un globe incandescent. Chimiquement, un réactif domine tous les autres par la puissance extraordinaire, quoique souvent méconnue, de ses affinités, c'est l'eau ; tous les autres éléments des roches ou de l'air interviennent également, à la faveur de celui-ci.

Pour la commodité de l'exposition, nous distinguerons les uns des autres, suivant l'usage, malgré leur principe commun, les agents : 1° physiques, 2° chimiques et 3° organiques.

1° **Agents physiques**. — Les principales énergies qui agissent physiquement sur la structure terrestre, c'est-à-dire qui déplacent les éléments matériels sans modifier leur nature, sont les attractions terrestre et solaire, les radiations de toute nature envoyées vers nous par le soleil et la chaleur interne emmagasinée de longue date dans le noyau profond de la Terre. Ces diverses énergies prennent une intensité toute spéciale quand elles utilisent comme véhicule l'eau, cet agent physique par excellence dont je viens déjà d'annoncer le rôle chimique simultané.

C'est ainsi que l'attraction terrestre se traduit surtout par le ruissellement, conduisant lui-même à la sédimentation. S'il n'y avait pas d'eau, quelques quartiers de roches tomberaient sans doute

des montagnes ; mais, d'abord, les cimes elles-
mêmes, n'étant pas désagrégées par les pluies et
les brouillards, fissurées par les gelées, seraient
beaucoup plus stables, et, de plus, les produits
éboulés seraient vite arrêtés dans leur chute. L'eau,
au contraire, agissant par toutes les formes de
son activité physique et chimique sur les cimes,
prépare, puis exécute l'œuvre de démolition ; les
éléments meubles ou solubles entraînés par les eaux,
abandonnés un instant, puis repris, sont tôt ou
tard conduits, soit à l'état de suspension, soit
même en dissolution, jusqu'aux grands bassins
de sédimentation lacustres ou marins, dans lesquels ils se précipitent en se classifiant.

De même l'attraction de la Lune, du Soleil, des
astres, bien que pouvant peut-être déterminer
aussi directement des sortes de marées internes
sur les zones fluides de notre planète, a pour effet
principal de faire monter et descendre les marées
des océans avec cette force de destruction colossale dont on a chaque jour des exemples ; l'activité du Soleil se manifeste par l'aspiration de la
vapeur d'eau, qui retombe plus tard en brouillards et en pluie.

Les radiations solaires, lumineuses ou obscures,
s'il est vrai qu'elles interviennent dans les phases
météorologiques, ont là une action du même genre,
caractérisée également par l'accroissement ou la

diminution des pluies ; et la chaleur interne elle-même ne produirait que des déplacements bien moindres dans l'écorce terrestre si elle agissait par simple fusion sèche sans mettre en mouvement ces masses de vapeur d'eau, empruntées à la fusion des roches mêmes ou introduites par des fissures à leur contact, qui sont une des puissances les plus actives dans les éruptions volcaniques.

Les deux effets principaux des énergies physiques sur la structure terrestre sont : d'une part, les déformations internes, qui entraînent des inégalités dans la surface et auxquelles nous rattachons toutes ces grandes manifestations étudiées en orogénie, les chaînes montagneuses et les bassins d'effondrement, avec les volcans, leurs projections et leurs coulées ; d'autre part, les ruissellements et les sédimentations superficiels, qui tendent à niveler lentement, mais continûment, les inégalités d'origine interne. Par les uns, le relief s'accidente ; par les autres, il s'aplanit.

Les premières forces, celles qui provoquent les inégalités superficielles dont l'étude constitue la géographie physique, ne se traduisent guère aujourd'hui sous nos yeux par des effets visibles ou du moins immédiats. On peut se demander si elles opèrent sans cesse et leur action dans la période actuelle, bien que probable, a pu être discutée ; il n'est pas évident à première vue que la surface actuelle de la Terre se gauchit et se cabosse encore lentement ; en tout cas, il semble bien qu'à certaines époques, le mouvement ait pris une intensité toute particulière et c'est en lui que se concentre la part de catastrophisme conservée en géologie ; à cet égard, nous avons toutes raisons de croire que la Terre subit une évolution progressive et que les actions déformantes ont agi dans des conditions diverses, peut-être atténuées avec le temps, aux différentes phases de son histoire. Cette étude ne peut, d'ailleurs, se faire que par induction et en utilisant, avec une part d'hypothèse, les observations immédiates de la Géologie.

Les forces nivelantes agissent, au contraire, incessamment devant nous et il suffit de multiplier leur travail journalier par un nombre de jours, dans l'estimation duquel rien ne nous limite, pour concevoir l'érosion complète des chaines montagneuses et le transport de leurs éléments remaniés jusqu'aux bassins de sédimentation. Là aussi on est amené à imaginer des activités variables suivant les époques, des paroxysmes et des accalmies ; mais il est possible qu'il y ait eu simplement des cycles successifs, ramenant chaque fois des récurrences des mêmes phénomènes avec une intensité analogue : rien ne prouve une évolution progressive et définitive des forces, qui reste cependant admissible.

8.

La puissance de ces forces érosives et nivelantes, dont l'existence même n'a rien d'hypothétique, est très supérieure à ce que l'on imagine d'ordinaire; il faut la concevoir susceptible de faire disparaître avec le temps des montagnes aussi hautes que les Alpes ou l'Himalaya pour remplir avec leurs débris des mers transformées en terre ferme. La Terre, livrée à elle seules et soustraite à l'influence des mouvements profonds, qui, en peu de temps, renversent ce travail de fourmis patientes, prendrait bientôt la forme du sphéroïde parfait, géométriquement nivelé et équilibré dans toutes ses parties, convenable en un mot à la réalisation de toutes les égalités sociales et de tous les phalanstères. Outre les preuves plus directes, on en a la démonstration indirecte mais précise par l'apparition au jour de roches ou de terrains métamorphiques, que nous devons supposer, d'après leur structure, avoir un jour cristallisé sous des kilomètres de couches disparues et, plus nettement encore, par les vastes lacunes, autrement inexplicables, de nos profils géologiques les plus normaux, par les lambeaux de strates oubliés comme des témoins d'un état de choses fini, par la situation actuelle sur des plateaux très élevés de roches dures, qui, visiblement, ont coulé en laves sur un fond de vallée, etc.

Quant à l'activité interne et déformante, son

rôle, que l'on a pu essayer de nier quand on bornait son attention à quelques petits phénomènes locaux sans en chercher la coordination générale, est, à notre avis, aussi incontestable que celui de l'érosion pour quiconque a présent à l'esprit l'ensemble des phénomènes géologiques. Il ne doit pas suffire, comme on a voulu l'imaginer, des apports sédimentaires dans les bassins pour que le relèvement de température de leur fond entraine leur gauchissement, d'où une sédimentation plus forte, puis des fusions et, finalement, toutes les manifestations orogéniques ou volcaniques. De telles influences, qui ont pu intervenir à titre secondaire, étaient elles-mêmes régies par une loi plus générale, précédées et provoquées par des causes plus profondes et, de toutes façons, la température interne du globe, que cette théorie invoque, est par elle-même un phénomène trop capital, elle implique trop évidemment la persistance de foyers souterrains probablement empruntés à un régime cosmique antérieur pour qu'il n'y ait pas lieu avant tout, ainsi que nous le verrons plus tard, de faire intervenir cette chaleur interne comme une cause de fusions, de larges opérations métallurgiques, de déplacements dans les magmas liquéfiés, d'effondrements et de plissements.

2° Agents chimiques. — L'activité chimique

agit moins sur le relief que sur la constitution des
éléments matériels et sur le groupement de leurs
atomes, sans cesse portés d'une forme à l'autre
par ce tourbillon qui entraîne et roule en des apparences changeantes tout ce que nous croyons
connaître et distinguer du monde visible et sensible, la matière, la force et la vie. Les éléments
chimiques eux-mêmes sont-ils immuables? on ne
l croit plus aujourd'hui et l'on s'efforce de surprendre, dans leurs transformations présumées de
l'un dans l'autre, une évolution qui nous aiderait
peut-être à dater les périodes géologiques. En tous
cas, ces éléments, à leur tour, passent constamment
d'une association à une autre, qui, dans les conditions réalisées, est plus stable; il y a tendance
vers un équilibre, que la modification des forces
physiques, de la température, de la pression, etc.,
rend lui-même éphémère, tendance aussi vers la
cristallisation qui, dans sa distribution géométrique de la matière, symbolise cet équilibre.

En pratique, l'activité chimique intervient pour
modifier la structure terrestre par deux agents principaux : la chaleur, qui est une force ; l'eau qui
est un réactif et un véhicule.

Facilitées par une élévation de température, qui
est surtout le fait des réactions internes et profondes, les combinaisons des éléments se transforment d'ordinaire dans le sens d'une intégra-

tion, d'une fusion, accompagnée ou non de liquations, de différenciations, de ségrégations. Pour
prendre le cas le plus normal, la silice s'unit alors
intimement aux bases et il se constitue des minéraux
cristallisés, dans lesquels la silice, jouant le rôle
d'acide, retient les alcalis, la chaux, le fer, etc.
La métallurgie par fusion, quand il n'y intervient
pas des métalloïdes volatils, des minéralisateurs
comme le chlore ou le soufre susceptibles d'entraîner des métaux à l'état de fumerolles, a pour
effet de fixer les éléments, de les associer sous
une forme cristalline, de les rendre plus résis-
tants à la destruction.

L'action de l'eau, qui est le fait dominant à la
surface, agit, au contraire, en sens inverse pour
libérer ces éléments de leurs associations, pour
les isoler, pour les individualiser, pour permettre
enfin leur classement par catégories dans la sédimentation. Soit par elle-même, opérant comme un
acide qui déplace la silice et s'empare des bases
en les dissolvant, soit à titre de véhicule en faisant intervenir ces agents constants des réactions
superficielles, l'acide carbonique, le chlorure de
sodium, les nitrates, etc., l'eau détruit en fin de
compte les silicates et prépare cette division en
sables quartzeux, argiles calcaires et dépôts salins
ou ferrugineux, où se retrouvent séparés, dans les
sédiments, les éléments principaux des roches,

silice du quartz, alumine, chaux, alcalis et fer. Après quoi, si on laisse le **cycle géologique se** poursuivre, ces sédiments à leur tour, reprenant bientôt une structure cristalline, éliminant peu à peu les restes organiques qu'ils ont pu contenir, se transformant en un mot par un métamor-phisme commencé à la surface, continué en profondeur, arrivent finalement à être refondus, réab-sorbés et recristallisés en de nouvelles roches, à préparer en un mot des éléments de sédimentation pour un nouveau cycle. Dans ces roches, il ne faut pas l'oublier, de l'eau s'emprisonne, prête, dès qu'elles se trouvent chauffées, à s'en dégager et à réagir de nouveau sur elles.

3° Agents organiques. — Enfin, le rôle des agents organiques, important sans doute pour la constitution des terrains sédimentaires, inté-ressant surtout par l'enseignement que ces restes organiques nous apportent sur l'âge des terrains, sur leur condition et leur mode de formation, est, quand on envisage seulement les déformations de la structure, assez insignifiant. Il comporte surtout : dans les mers, la fixation, la concen-tration du carbonate de chaux, parfois de la silice ou de quelques corps plus exceptionnels comme le phosphore ; sur la terre ferme, la fixation éga-lement du carbone, de l'azote et du phosphore accessoirement de la chaux et des alcalis. Les restes de la vie sur les continents ne forment, même à l'état de dépouilles végétales dans les forêts tropicales. qu'une imperceptible pellicule; mais les récifs coralliens peuvent, dans certaines régions, et ont pu constamment, pendant l'histoire géologique, modifier localement la distribution des mers.

CHAPITRE IV

L'histoire de la matière terrestre.

La distribution des éléments chimiques dans la Terre et leur évolution possible. — La consolidation de la croûte terrestre et les phénomènes préliminaires de la sédimentation.

Distribution interne des éléments chimiques. — Nous trouvons, dans la partie superficielle de l'écorce terrestre, qui nous est seule abordable, tous les éléments de notre chimie et l'affirmation ainsi présentée serait même trop évidente, puisque c'est dans cette écorce seule que notre chimie prend ses éléments d'étude, si l'analyse spectrale n'avait pas étendu notre champ d'investigation jusqu'aux astres les plus lointains et ne nous avait pas permis de reconnaître dans ceux-ci une identité de constitution presque absolue avec la Terre. Il convient seulement de laisser la restriction du mot « presque » jusqu'à nouvel ordre pour tenir compte de certaines raies spectrales non encore identifiées.

Cela revient à dire que la surface terrestre ren
ferme, en quantités plus ou moins grandes, à peu
près toutes les formes de la matière contenues dans
le soleil et les astres, ou, suivant toutes vraisemblances, que ces formes de la matière, ainsi observées dans notre univers visible, sont à peu près les
seules à pouvoir être réalisées dans les conditions
que présente cet univers. Les métaux proprement
dits ainsi rencontrés dans l'écorce superficielle ont,
d'ailleurs, toutes les chances pour provenir des
parties plus profondes de notre planète et pour
s'y trouver en proportions toutes différentes de
celles que nous observons au jour.

Qu'est-ce que cette matière et quelle est la valeur
absolue des divisions en corps simples, introduites
au milieu d'elle par notre chimie?

Ce sont deux questions très délicates et qui
semblent, au premier abord, sortir de notre sujet
spécial; la façon dont on les résout a cependant
son contre-coup direct dans l'appréciation que l'on
peut donner des localisations métallifères.

Inutile d'insister sur la vieille querelle, qui,
depuis au moins trois mille ans, met aux prises
l'atomisme et le dynamisme en les faisant triom-
pher tour à tour. Entre ces deux principes, auxquels on ramène assez aisément tous les phénomènes perçus par nos sens, la matière et la force,
il faut une communauté de substance puisqu'il y

a action réciproque ; mais la matière est-elle une expression de la force ou la force une vertu de la matière, cela revient, à ce qu'il semble, un peu au même et je laisse aux métaphysiciens le soin de résoudre l'alternative. Quoi qu'il en soit, la théorie régnante est aujourd'hui dynamique ; l'énergétique remplace l'atomisme de la génération précédente et c'est donc dans cet ordre d'idées qu'il convient de nous exprimer.

Si nous assimilons dès lors la matière à des intégrations successives de mouvements, analogues à ceux des astres dans un système solaire, à des gravitations, de plus en plus vastes dans un sens, de plus en plus réduites dans l'autre et sans limites des deux parts, nous représentons ainsi, par une image, par un symbole (sans prétendre d'ailleurs le faire comprendre), la conception qui résume actuellement le mieux les faits observés. Dans la particule matérielle la plus petite à laquelle nous puissions attribuer une individualité, il entre déjà une distribution d'énergie interne qui la caractérise et qui constitue les propriétés de ce que nous appelons les éléments chimiques. Tant que l'on fait manœuvrer ces éléments entre eux suivant les procédés ordinaires de notre chimie sans toucher à cette énergie interne, ces corps réputés simples gardent leur propriétés bien définies et immuables, en particulier leur poids atomique ; mais, contrai-

rement à ce qu'on eût affirmé il y a quelques
années, on est aujourd'hui tenté de penser que,
soit par des réactions appropriées et susceptibles
d'être un jour produites dans nos laboratoires, soit
par une lente évolution spontanée, cette énergie
interne peut être influencée et, par conséquent, le
corps simple transformé en un autre. Le fait est,
dès à présent, vraisemblable pour la série de l'uranium, du radium et de l'hélium et, bien que l'on
puisse trouver du radium sans uranium ou de
l'hélium sans radium, on a pu supposer une
filiation de ces trois éléments représentée par
la formule : *Uranium genuit radium, qui genuit
helium,* où se trouve indiquée l'assimilation possible de ces phénomènes matériels avec ceux du
monde organique. Mais cette filiation n'est pas
nécessaire : le radiothorium semble avoir lui aussi
l'hélium pour aboutissant; diverses causes indépendantes de l'uranium produisent peut-être du
radium ; on se demande maintenant s'il n'y aurait
par là une loi beaucoup plus générale [1], et si les
rapprochements de certains métaux par séries pré-
sentant des rapports numériques, si les associations
constantes et les proportions relativement définies
de tels et tels métaux dans leurs gisements ne

1. Voir G. Le Bon, *L'Évolution de la matière*, et L. De Launay,
La Géologie du radium et l'Évolution de la matière (*La Nature*,
6 mai 1905).

tiendraient par à ce que l'un dérive spontanément de l'autre par une transformation continue, dont le degré d'avancement pourrait même nous éclairer sur le temps depuis lequel elle a commencé à s'opérer : la « vie » de chaque élément chimique ayant une durée déterminée, comme celle des êtres vivants ou d'un groupe quelconque de ces êtres.

Est-ce là un retour en arrière vers les théories des alchimistes? Sans doute, dans une certaine mesure; mais avant de voir dans cette constatation la preuve d'une erreur, il faut bien se rendre compte en quoi les alchimistes se trompaient et en quoi on est peut-être resté dans l'erreur en les rectifiant.

L'idée fondamentale des alchimistes était d'attribuer un caractère de fixité aux qualités principales de la matière, représentées par celles des quatre « éléments », le feu, l'air, la terre et l'eau, en sorte qu'un corps était supposé, par exemple, devoir contenir plus ou moins d'eau, suivant qu'il était plus ou moins humide et plus ou moins transparent, de même que, suivant sa proportion d'air, il était plus ou moins volatil. Puis Lavoisier est venu et a balayé ces chimères, mais en continuant à admettre à son tour (ce qui, malgré les vérifications approchées, peut très bien être également faux) que le poids des éléments chimiques se maintenait nécessairement identique à travers toutes leurs transformations physiques et leurs combinaisons. L'idée nouvelle est que le poids de l'élément chimique lui aussi peut varier, dans des conditions un peu plus complexes mais également réalisables, comme on le sait depuis longtemps pour sa liquidité, sa transparence ou sa volatilité. Il faut bien prendre garde d'attribuer à quoi que ce soit un caractère immuable dans le monde perçu par nos sens, comme dans nos sens eux-mêmes qui le perçoivent, et les récentes théories, auxquelles j'ai fait allusion, si singulières qu'elles puissent paraître d'abord quand on a été élevé dans les anciennes théories, ne font que correspondre à cette expression de prudence scientifique.

Si nous admettons alors que la transmutation ne soit pas nécessairement une rêverie et que, soit des forces très lentes, mais prolongées pendant des périodes géologiques entières dans les conditions actuelles de notre globe, soit des forces plus rapides mais d'une intensité extrême, aient pu la réaliser, ces deux considérations sont également à retenir quand nous voulons, observant la distribution actuelle de la matière, en conclure les lois qui ont, à l'origine de la Terre, présidé à cette distribution, c'est-à-dire écrire le premier chapitre, le plus théorique, de cette histoire de la Terre.

9.

Pendant ces premières périodes cosmiques, où des groupes d'éléments, soit en se condensant, soit en échappant à un groupe plus ample, se sont individualisés sous la forme terrestre, il semble, en effet, que les énergies en jeu aient dû atteindre leur maximum d'intensité et, d'autre part, le temps écoulé depuis ce moment jusqu'à nos jours, temps pendant lequel les transformations ont pu se poursuivre, atteint lui aussi son maximum de durée. Nous sommes donc, de toutes manières, dans les conditions les plus propres à voir apparaitre un effet de ces transmutations et, quoiqu'il soit encore impossible d'en tenir compte dans le détail, ce champ d'investigation trop nouveau restant inexploré, il fallait tout au moins, dès le début, introduire cette réserve pour l'ensemble.

Laissant maintenant de côté ces considérations, nous pouvons, d'après une théorie que j'ai essayé de développer ailleurs [1], utiliser les observations faites en métallogénie sur la répartition actuelle des métaux dans notre globe pour en conclure la oi suivant laquelle a pu s'opérer, à l'origine, cette ldistribution et reconstituer le premier groupement matériel, dont les transformations au cours des temps, par l'action des forces envisagées dans le chapitre précédent, ont fini par donner la structure actuelle de la Terre.

1. *La Science géologique*, ch. XV, p. 627 à 667.

Cette loi, dont je vais résumer rapidement la démonstration, peut s'énoncer ainsi : « Dans la Terre incandescente, avant sa solidification, les éléments chimiques se sont trouvés écartés du centre, en raison de leur poids atomique, comme si les atomes dissociés et libres de toute combinaison chimique à de très hautes températures, avaient été uniquement et individuellement soumis à l'attraction universelle et à la force centrifuge ».

Il est permis, en outre, de se demander, d'après les remarques précédentes, si ces atomes préexistaient, ayant acquis leurs caractères individuels dans une phase cosmique antérieure, ou si ce n'est pas simplement leur position par rapport au centre et à la surface dans cette sphère fluide incandescente, qui a déterminé la condensation d'énergie interne par laquelle ils se sont particularisés. La réponse à une telle question est naturellement impossible ; néanmoins, si l'on avait le droit de pencher plutôt pour une solution que pour une autre, j'inclinerais de préférence vers la première. Le caractère en quelque sorte adventif de la Terre dans le système solaire, où elle ne peut guère être considérée que comme une parcelle détachée d'un plus vaste ensemble, l'unité chimique de notre système, enfin l'absence présumée de toute loi relative à la proportion de ces éléments, dont la place seule semble réglée, sont des arguments dans ce sens. Mais, si, depuis leur fixation primitive en tel ou tel point de l'écorce solidifiée, les éléments ont évolué en changeant de poids atomique suivant une loi quelconque analogue à celles de la polymérisation, on peut avoir là l'explication de certaines anomalies apparentes à la loi principale, par suite desquelles apparaissent, avec un élément principal formant chef de file, dans la partie de l'écorce à laquelle le poids atomique de celui-ci convient, d'autres éléments de la même série chimique, à poids atomique au premier abord tout à fait discordant.

La démonstration de la loi précédente a consisté, en principe, à établir d'abord, indépendamment de toute considération chimique, par la seule géologie, l'ordre de superposition initial qui paraît avoir existé pour les éléments chimiques de la Terre et à comparer la liste ainsi obtenue avec celle des poids atomiques que l'on trouve dans les traités de chimie ; la concordance des deux listes laisse supposer l'exactitude des inductions, d'après lesquelles la première a été formulée.

La métallogénie établit, pour les éléments chimiques, quelques groupements très nets et connus avec une grande certitude, qui sont les suivants :

1° *Éléments de l'atmosphère et des eaux :* hydrogène, azote et oxygène ;

2° *Écorce silicatée* (roches et terrains sédimentaires) : silicium, aluminium, sodium, potassium, magnésium, calcium ;

3° *Minéralisateurs* : chlore, soufre, phosphore, etc. ;

4° *Gîtes métallifères de ségrégation ignée*[1] : fer, manganèse, nickel, cobalt, chrome, titane, vanadium ;

5° *Gîtes filoniens reliés aux ségrégations basiques* : cuivre ;

6° *Gîtes métallifères filoniens* : zinc, plomb, antimoine, argent, mercure, bismuth, tungstène, or, uranium et radium.

On est en droit de discuter sur la position relative des trois groupes intermédiaires (3, 4, 5); et l'ordre, dans lequel je viens de les énumérer, n'a pu être établi que par un examen approfondi de la métallogénie ; mais la répartition des éléments entre les divers groupes est fondée sur un si grand nombre d'observations qu'elle n'est guère contestable.

Il est, par exemple, absolument certain que toute l'écorce terrestre est un silicate d'alumine, de fer, de chaux, de magnésie et d'alcalis, où interviennent seulement pour environ 1 °/₀ de

---

1. On entend, par gîtes de ségrégation, les concentrations métallifères qui ont pu se produire sur certains points des roches éruptives pendant leur cristallisation.

substances étrangères. Après l'oxygène, qui en forme à peu près la moitié, le silicium y entre pour 28 %, l'aluminium pour 8 et le fer, dont la très grande abondance profonde entraîne la diffusion universelle, pour 4,70. C'est une scorie métallurgique, produite par l'oxydation d'un bain métallique très simple, par la combinaison de ses métaux avec l'oxygène de l'atmosphère superficielle et des eaux.

De même, le rôle des métalloïdes, que l'on appelle les minéralisateurs (chlore, soufre, phosphore, etc.), est très bien connu. On retrouve ces métalloïdes associés à toutes les phases des cycles nombreux que les éléments chimiques peuvent accomplir sans cesse, par suite des actions de tous genres auxquelles notre globe est constamment soumis : aussi bien dans l'eau de la mer ou dans les fumerolles volcaniques que dans la cristallisation des roches et des filons. Cette mobilité, qui, en les faisant apparaître à toutes les phases des cycles géologiques, rend leur présence un peu banale, est de nature à induire en erreur sur leur origine première et l'on a pu, dans certaines théories, prendre pour cette origine l'une ou l'autre de leurs étapes : soit les éléments salins des eaux marines réintroduits par des fissures jusqu'au contact des magmas ignés ; soit les inclusions, dont l'analyse révèle la présence dans toutes les roches et que leur refusion met en liberté. Dans tel ou tel cas particulier, ces phénomènes sont à retenir ; mais, là comme dans toutes ces questions générales sur l'origine de la structure terrestre, on n'échappe pas, sous peine de cercle vicieux, à la nécessité de causes plus profondes, et l'on est amené à supposer que les chlorures et sulfures inclus dans les roches, ou répandus par leur altération dans les eaux, ont dû être primitivement en liberté dans certaines portions de la Terre encore fluide ; il y a de grandes probabilités pour que la scorification de la croûte superficielle ait emprisonné en profondeur des réserves de ces corps volatils, que les mouvements orogéniques ont pu mettre ensuite en mouvement et déplacer vers la superficie. C'est à ces réserves présumées que nous avons été amenés à attribuer la place ci-dessus mentionnée.

Plus bas, les gîtes métallifères de ségrégation ignée constituent, eux aussi, un groupe parfaitement caractérisé, dans lequel les métaux, tels que le fer, le nickel et le chrome, arrivent à se concentrer assez pour devenir exploitables et cette concentration est toujours accompagnée par une abondance relative d'éléments qui semblent d'ordinaire plus exceptionnels, tels que le titane et le vanadium placés plus haut dans le même groupe. On doit présumer que ce groupe, le dernier en

somme jusqu'au voisinage duquel nos investigations minières puissent directement pénétrer, a
joué, en se combinant avec les éléments supé-
rieurs, un rôle prépondérant dans la formation
de la scorie silicatée qui constitue la croûte. Quand
nous essayons de concevoir les zones profondes
de la Terre, soit d'après les scories les plus
basiques et les plus lourdes qui en proviennent,
soit d'après les météorites, soit encore d'après
l'analyse spectrale où se révèle la constitution des
astres incandescents, c'est toujours comme un bain
de fonte ferrugineuse plus eu moins complexe que
nous sommes portés à l'imaginer. Il est possible, en
effet, que ce groupe occupe une étendue très notable
dans l'intérieur de la Terre ; mais nous n'en savons
rien : car non seulement l'intérieur de la Terre, à
quelques kilomètres de distance, ne nous est en
aucune façon abordable ; mais, d'autre part, quand
nous explorons des astres lointains au spectroscope,
c'est toujours également leur périphérie seule, leur
enveloppe que nous abordons. Les formes d'éléments
chimiques, qui nous sont connues dans tous les cas,
sont donc uniquement celles qui se réalisent sur
la périphérie des astres, sur leur zone de contact
avec le milieu extérieur de l'éther: zones, où,
quelle que soit la pression interne, les conditions
ont des chances pour être comparables. Ce qui se
passe à l'intérieur et en s'approchant du centre,

sous des pressions impossibles à évaluer, nous est totalement inconnu ; et la seule indication que nous possédions sur les zones centrales de la Terre est la densité moyenne de 5,56, qui fait penser à des métaux, sinon à une prédominance de métaux particulièrement denses.

Enfin, les filons métallifères, où les métaux ont été déposés dans les fissures des terrains par la circulation d'eaux chaudes minéralisées en profondeur, nous apportent, à titre d'échantillons tout à fait exceptionnels, une indication sur ce qui peut exister, non pas dans les parties réellement centrales, mais pourtant au-dessous de la zone des ségrégations ignées, à une profondeur inaccessible pour nous, peut-être cependant encore très faible en réalité. Les concentrations extraordinaires de certains métaux rares, qui se sont produites sur tel ou tel point particulièrement favorable, comme à Almaden pour le mercure, à Johannesburg pour l'or, au Comstock pour l'argent, etc., semblent indiquer que, si ces métaux sont tellement rares à la surface, c'est parce que la possibilité de monter jusqu'à elle leur a généralement manqué et, comme les parties internes de la Terre peuvent être supposées beaucoup plus homogènes que la superficie, ayant été moins troublées par la scorification et par l'irrégularité des contractions connexes, il est possible qu'à quelques dizaines de kilomètres de la surface, les métaux réputés rares se trouvent, au contraire, en proportion prépondérante.

Sans insister davantage, on peut maintenant comparer avec une liste des poids atomiques, qui donne (simplement par ordre numérique) :

1° Hydrogène (1), azote (14) et oxygène (16) ;

2° Sodium (23), magnésium (24), aluminium (27) et silicium (28) ;

3° Phosphore (31), soufre (32), chlore (34) ;

4° Titane (48), vanadium (51), chrome (52), manganèse (54), fer (56), nickel et cobalt (59) ;

5° Cuivre (64) ;

6° Zinc (64), argent (108), antimoine (120), tungstène (184), or (197), mercure (200), plomb (207), bismuth (208), radium (225), uranium (239).

Les six groupes, on le voit, coïncident exactement et l'ordre de superposition théorique annoncé au début semble donc en résulter. On peut alors tirer de notre loi quelques conséquences intéressantes sur la structure interne de notre planète.

La première, que je me suis trouvé déjà indiquer en passant, c'est que, sous la croûte de scories superficielle, si compliquée, si hétérogène, où les sédimentations et les refusions se mêlent et se superposent, il peut exister un milieu métallique plus homogène, avec lequel les communications de la zone externe ont dû être tout à fait

accidentelles et d'où seraient émanés, à un
instant quelconque, les métaux relativement
exceptionnels, cristallisés en minerais dans nos
gisements. La géologie tout entière, qui est. je
le répète, forcément limitée à l'étude d'une pellicule extrêmement mince sur laquelle nous vivons,
ignore ce milieu interne ; elle peut tout au plus
en soupçonner l'existence et la nature par ces points
d'émanation si singuliers. où, dans un espace de
quelques kilomètres, s'est concentré autant de
tel ou tel métal qu'il en existe ailleurs dans
toute une partie du monde ; mais les méthodes de
la physique et de l'astronomie nous font connaître
la forte densité de ces zones profondes et, d'autre
part, l'accroissement si net, si général de la température dans les travaux souterrains, qui implique
un rayonnement constant d'une source chaude
intérieure vers l'espace. donne à supposer (surtout
si on remarque, d'autre part, l'existence de trai-
nées volcaniques poursuivies sur la longueur d'un
méridien), qu'il existe en profondeur des nappes
fondues d'une très grande extension. En second
lieu, on a quelques raisons de penser que, dans
ce bain métallique interne, soustrait au trouble
introduit par les bouleversements violents de la
superficie, les métaux peuvent s'être trouvés liquatés
d'une façon plus théorique par l'effet des forces
diverses, telles que l'attraction universelle et la

force centrifuge auxquelles ils demeurent soumis. C'est de ces zones liquatées que proviendraient par l'intervention accidentelle des minéralisateurs volatils, la plupart des métaux cristallisés dans les filons. On s'explique ainsi comment il existe, entre la rareté d'un métal et sa densité, une si curieuse coïncidence : les métaux filoniens étant, à affinités chimiques égales, d'autant plus rares qu'ils sont plus denses.

Les derniers métaux de cette série seraient alors les plus profonds et, quand on est arrivé à une telle idée par une voie purement géologique, il devient bien curieux de trouver, tout au bout de la liste, parmi les éléments qui seraient donc les plus profonds de tous, et qui nous apporteraient par suite un témoignage des états singuliers pris par la matière dans les profondeurs de la Terre, cet énigmatique uranium avec son dérivé fidèle, le radium : cette famille d'éléments chimiques, à « vie » particulièrement courte, à évolution particulièrement rapide, où l'énergie résultant de la compression interne semble s'être emmagasinée d'une façon instable à l'état de potentiel pour se dépenser plus tard spontanément en chaleur et en lumière.

Phase primordiale de l'histoire géologique. — Par cet ensemble d'observations nous arrivons, en résumé, à la conception suivante de cette première phase cosmique, qui rattache l'histoire de la Terre à celle de l'Univers et pour laquelle l'hypothèse de Laplace semble, à titre général, demeurer toujours la plus appropriée.

Il a dû exister, au début, une sphère en ignition, dans laquelle les éléments chimiques étaient distribués, suivant l'ordre croissant de leurs poids atomiques, de la périphérie au centre, conformément à la succession des six groupes indiqués plus haut, avec tous les mélanges accidentels que peuvent faire soupçonner des tourbillons analogues à ceux dont l'enveloppe solaire nous offre encore le spectacle, c'est-à-dire avec des brassages amenant localement au dehors quelques éléments des zones plus profondes.

A un moment donné, le rayonnement calorifique vers l'espace de cette sphère fondue a amené un refroidissement tel que les éléments de notre zone 2 (sodium, silicium, etc.) se sont pris en une scorie silicatée assimilable à un magma feldspathique (silicate d'alumine, chaux, magnésie et alcalis), séparant ainsi du bain métallique central encore chaud 3 à 6, la zone externe 1, où s'est faite la combinaison de l'hydrogène et de l'oxygène en eau et la précipitation de cette eau sous une atmosphère purifiée d'azote et d'oxygène en excès.

On a donc eu, dès ce moment, les trois éléments principaux sur lesquels raisonne notre géologie : 1° une atmosphère d'oxygène et d'azote ; 2° une nappe d'eau concentrée dans les dépressions de la croûte et formant les mers ; puis, 3° une écorce scoriacée et, au-dessous, un milieu métallique conservant avec la superficie des communications accidentelles par les fissures, les craquelures, les évents qui ne pouvaient manquer de se produire dans cette croûte hétérogène.

Dès lors, les phénomènes qui se sont produits ont dû, à l'intensité près, rentrer dans la catégorie de ceux qu'étudie encore notre géologie et il est possible de les imaginer dans leurs grandes lignes. La circulation des eaux sur la surface a commencé à en éroder, à en aplanir les rugosités, en même temps qu'elle entraînait les éléments solubles et, tôt ou tard, les amenait vers cet égout universel que constituent les mers. Il y a eu, en conséquence : d'une part, premiers dépôts sédimentaires et, d'autre part, salure croissante des mers, qui pouvaient du reste avoir, dès l'origine, recueilli certains éléments volatils, certains métalloïdes de la zone 3, accidentellement mélangés avec les gaz plus abondants de la zone externe.

La conséquence du premier phénomène n'a pu manquer d'être un relèvement de la température sous les sédiments accumulés, et, par suite, un fléchissement local de la couche encore mince, pouvant aboutir à une refusion des parties basses, avec absorption accidentelle des sédiments dans les magmas refondus.

Indépendamment même de cet affaissement suivant les dépressions nommées les « géosynclinaux », il est permis de penser que cette croûte devait être, par elle-même, très peu homogène, très instable, très fragile, quelque peu assimilable à une banquise où se prennent et s'agglomèrent des glaces flottantes, et qu'il devait s'y produire des cassures, des effondrements, des immixtions de parties fondues plus profondes, par lesquelles sa composition et sa structure étaient sans cesse compliquées. Ces remaniements incessants ont dû nécessairement masquer pour nous le plan primitif, qui avait pu présider à la cristallisation première et, comme le contre-coup de leurs inégalités accidentelles a dû être ensuite indéfini, on ne peut s'étonner que la forme actuelle de la Terre accuse imparfaitement la forme géométrique prévue plus loin par la théorie. En même temps, le nombre, l'intensité, la répétition et la généralité de ces refusions rendent bien peu probable que la première croûte de consolidation ait pu échapper quelque part et se conserver jusqu'à nous; partout elle a dû être refondue et les terrains cristallins, qui forment aujourd'hui le soubassement de tous les autres, ceux auxquels nous faisons commencer l'histoire géologique relativement précise et documentée, ne sont eux-mêmes que des sédiments métamorphisés, recristallisés, formés aux dépens de roches ou de sédiments antérieurs.

Il n'y a donc pas lieu de poursuivre, dans la réalité des faits, quelque chose qui corresponde à cette première phase, pour laquelle nous serons, sans doute, toujours réduits à la simple hypothèse et nous pourrons bientôt commencer l'histoire de la structure terrestre en envisageant, comme la formation la plus anciennement connue, un ensemble de terrains, où se trouvent probablement mélangés déjà des lambeaux de couches appartenant à des âges très divers et seulement rapprochés par un commun métamorphisme, mais qui présentent ce caractère uniforme de fournir un soubassement aux terrains plus récents, où se sont fixées et conservées les plus anciennes traces connues de la vie.

Avec cette écorce primitive de roches solides, s'est trouvée aussitôt en contact et en conflit, la masse d'eau superficielle qui formait les mers, ou qui, dispersée en vapeurs dans l'atmosphère, était susceptible de se précipiter en pluie. J'ai dit dès le début quel était, dans l'histoire géologique, le rôle prépondérant de cet agent physique et chimique essentiel qu'on appelle l'eau. Il est facile de concevoir comment cette eau des ruisseaux et des fleuves, se trouvant sans cesse laver des roches nouvelles, où, par l'effet de la fusion, des éléments profonds étaient ramenés à la surface comme dans un champ labouré, a dû recueillir peu à peu des quantités de ces éléments plus ou moins fortes suivant qu'ils étaient plus ou moins solubles et les amener ainsi à l'océan, dans la composition duquel ils se trouvent tous aujourd'hui représentés. Une certaine quantité d'eau a pu également être, dès le début, fixée dans la composition des roches, qui, toutes, même dans la profondeur, en contiennent plus ou moins et peut-être en a-t-il été également emprisonné à l'origine sous l'écorce. Ces deux remarques permettent d'expliquer, si on le veut, les dégagements d'eau énormes de nos éruptions volcaniques autrement que par un simple circuit souterrain, ramenant au jour de l'eau, tout d'abord empruntée à la superficie.

Enfin, j'ai déjà fait remarquer que, si on laisse de côté l'activité organique, l'histoire de la géologie se ramène à peu près exclusivement à l'action réciproque ou alternative de l'eau superficielle et de la chaleur interne sur la croûte scoriacée, celle-ci ayant été d'autre part constamment épaissie à la base par les progrès du refroidissement et de la consolidation. C'est ce rôle de la chaleur interne et du refroidissement progressif, son corollaire immédiat, que nous invoquerons surtout pour expliquer les mouvements de l'orogénie, tandis que l'action de l'eau, déjà indiquée tout à l'heure, nous donnera la clef des sédimentations. Il est bien probable, si la Terre a réellement commencé par être fluide pour se refroidir peu à peu, que ce refroidissement a amené, avec l'épaississement de la croûte, une évolution dans les phénomènes orogéniques et volcaniques, comportant une stabilité de plus en plus grande, une localisation de plus en plus accentuée de tous les mouvements où s'accuse l'intervention de la zone chaude interne ; il est probable également que ce refroidissement, déterminant une contraction interne, a été la cause première des plissements, des effondrements constatés dans la croûte solide à mesure que le point d'appui lui manquait à la base. Ce sont les deux hypothèses fondamentales, dont nous aurons besoin pour exposer plus tard l'histoire de la structure terrestre ; elles se résument en une *évolution*, par suite de laquelle il est impossible de considérer la Terre comme absolument identique à elle-même daus toutes ses phases successives. Mais, d'autre part, chaque fois qu'un plissement s'est produit, amenant un soulèvement montagneux ou qu'un effondrement a provoqué le retrait des mers et l'émersion des

continents, chaque fois encore qu'il s'est fait un
de ces grands déplacements marins, dont la cause,
peut-être astronomique, peut-être pas en rapport
avec une déformation préalable de la surface, nous
échappe encore, il y a eu répétition, *récurrence*, de
manifestations analogues se succédant par série
dans le même ordre. Analyser cette évolution et
ces récurrences sera l'objet des chapitres suivants.

Point n'est besoin d'ailleurs, dans tout ce que
nous dirons sur le rôle de la chaleur interne et
des fusions ou refusions profondes, d'imaginer,
comme on l'a dit parfois, à l'intérieur de la Terre,
sous la première croûte scoriacée, un immense
noyau liquide de métaux en ignition; encore une
fois nous ne savons rien sur les parties centrales
et, comme il est probable qu'elles sont depuis
longtemps sans communication avec la zone sur
laquelle portent nos observations, en tenir compte
dans nos raisonnements n'est pas utile. Il suffit,
pour nos théories, de concevoir, à une distance
relativement faible de la surface, de grands foyers
calorifiques ayant une large extension dans certains sens, suivant certains allongements, mais
pas nécessairement continus et pas même nécessairement à l'état de fusion générale. On doit
cependant ajouter que si, actuellement, ces foyers
peuvent très bien être localisés, leur localisation

doit être en rapport avec les progrès du refroidissement présumé et que leur extension, leur continuité même sur toute la Terre deviennent de plus en plus probables à mesure que l'on remonte les âges.

CHAPITRE **V**

L'histoire de la structure terrestre.
Son évolution.

1° **La généralité des** déformations terrestres. — Les deux types
de déformations (plissements et fractures) et le changement
de leur importance réciproque au cours des âges. — Prédominance ancienne des plissements; rôle plus récent des
effondrements. — Localisation progressive des accidents
avec le temps.
2° Loi théorique et systématique des déformations terrestres;
leur plan d'ensemble accusé par les plus récentes. — Système tétraédrique.
3° Coordination géologique et histoire des déformations terrestres. — Les chaînes de montagnes successives, huronienne,
calédonienne, hercynienne et alpine.

1° **Généralité des déformations terrestres. Leurs
caractères divers**. — Comme nous l'avons vu en
terminant le chapitre précédent, l'histoire de la
structure terrestre comporte, à la fois, une évolution, qui l'a progressivement transformée et des
récurrences qui, aux diverses phases de cette
évolution, ont ramené les mêmes séries de phénomènes. Je laisserai de côté, dans ce chapitre,

tout ce qui est récurrences, c'est-à-dire caractères communs aux phases successives et indépendants de leur âge, et m'attacherai seulement à mettre en lumière ce qui distingue ces phases l'une de l'autre, en reconstituant l'ordre de leur succession, avec les phénomènes essentiels qui les ont marquées. Nous aurons surtout à invoquer ici les résultats de la tectonique et ceux de la paléo-géographie; mais, parmi ces résultats, on doit malheureusement prévoir que, dans un exposé aussi bref et aussi général, les plus aventurés, les plus hypothétiques vont se trouver nous être les plus nécessaires. Une science quelconque se sent d'autant plus solide qu'elle restreint davantage son horizon; en s'élevant, au contraire, elle s'expose au vertige et nous allons être forcés de monter jusqu'à l'imprudence pour voir les faits dans leur ensemble et pour énoncer, sous une forme quelque peu dogmatique, une histoire hier encore à peine soupçonnée.

L'évolution de la structure terrestre comporte des changements réitérés, brusques ou progressifs, qui, d'un relief primitivement disposé comme nous l'enseignent les plus anciennes cartes paléogéographiques, l'ont amenée peu à peu à la distribution actuelle du relief, des climats et des autres éléments physiques. La forme actuelle est la résultante très complexe d'une série de mouvements orogéniques, ayant provoqué chaque fois de nouvelles saillies et de nouvelles fosses : les premières destinées à être ensuite détruites par une érosion, qui tendait, avec leurs débris, à combler les secondes. Quand nous examinerons plus tard les récurrences, nous prendrons une quelconque de ces saillies montagneuses, une quelconque de ces fosses marines et nous essayerons d'en retracer l'histoire : histoire qui parait s'être répétée, dans son ensemble, pour chaque saillie, pour chaque fosse nouvelle. Actuellement, nous nous contenterons de voir comment, l'une après l'autre, ces grandes saillies, ces fosses profondes se sont constituées et ont paru se déplacer à la surface du globe.

Les déformations principales du relief terrestre, les seules qui nous intéressent ici, ont manifestement une cause très générale et très intense ; les petits changements, qui amènent l'éboulement d'un pan de montagne ou d'une falaise, la rupture d'un barrage, l'inondation d'une vallée, l'engloutissement d'une ville sous les cendres volcaniques, ne sont rien à côté de mouvements qui ont fait surgir les chaines entières des Alpes, du Caucase et de l'Himalaya sur l'emplacement d'anciennes mers, ou recouvert un continent par les eaux de la Méditerranée.

De telles transformations, qui peuvent étonner d'abord dans l'histoire géologique, comme la consta-

tation de plantes tropicales ayant vécu jadis aux
pôles, ou de rennes et de mammouths ayant parcouru
nos pays, n'ont en elles-mêmes rien d'hypothétique.
On peut différer sur l'interprétation à en donner;
mais, lorsqu'on trouve, à plusieurs milliers de mètres
de hauteur, plissées et disloquées, des couches à fossiles marins, qui, un peu avant, s'étaient (d'après les
caractères de ces fossiles), déposées horizontalement en une mer profonde, on ne peut douter du
mouvement qui les a soulevées ; ou quand, ailleurs,
sur des couches redressées et bouleversées, qui
furent d'abord horizontales, on observe de nouvelles couches marines beaucoup plus jeunes à
l'état de strates horizontales, on sait avec certitude qu'il y a eu, en ce point, d'abord une mer,
puis une chaîne montagneuse émergée pendant
toute la période dont les dépôts marins ne sont
pas représentés et, de nouveau, une mer profonde.
Il faut, avant d'arriver aux phénomènes généraux
de plus en plus hypothétiques dont nous nous
occuperons bientôt, commencer par se familiariser
avec les déplacements divers de la surface, qui,
eux, ne sont pas des hypothèses, mais des faits
d'observation et bien se pénétrer de cette idée,
déjà indiquée précédemment, que tout point de
la surface terrestre a été presque constamment
mobile, que tout point a vu passer et reculer la
mer à de nombreuses reprises. Il n'est guère de

région du globe, où l'on ne trouve, au moins à
l'état de témoins démantelés par l'érosion, quelques anciens sédiments marins ; la présence de ces
sédiments marins date les phases où cette région
fut recouverte par la mer; l'absence de sédiments.
correspondants aux autres périodes intermédiaires, date également, quoique avec un peu plus
d'incertitude, les âges où la région fut émergée.
Le passage de l'un à l'autre état implique d'ordinaire un mouvement du sol dans le sens d'un
relèvement ou d'un affaissement relatif, à moins
qu'il ne s'agisse, dans des cas plus rares et encore
très problématiques, d'immenses marées causées
par une intervention astronomique.

De même que la Terre porte partout la trace
d'un passage de la mer à un moment quelconque
sous la forme de sédiments marins, de même il
n'est guère de pays où, sinon à la surface, du
moins à une certaine profondeur, ne s'accuse
quelque déformation mécanique. Les couches
superficielles les plus récentes peuvent n'avoir pas
encore subi ces déformations et subsister, avec
leur horizontalité primitive, dans l'état où les
eaux les ont déposées, quoique leur présence
même au-dessus de la mer implique déjà à
elle seule un déplacement relatif de la terre
ferme par rapport au niveau des eaux ; mais,
presque en tous cas, le substratum de ces terrains

11.

témoigne alors même d'accidents plus anciens. Par exemple, en Belgique et dans le Nord de la France, la surface est occupée par du crétacé horizontal; mais les travaux de mines montrent, au-dessous, le terrain houiller plissé et renversé par une poussée, où l'on reconnaît les caractères d'une ancienne chaîne montagneuse analogue aux Alpes, datant de l'époque carbonifère. Le bassin de Paris, avec ses couches tertiaires, semble une des régions les plus calmes qu'on puisse imaginer et pourtant, sans parler du soubassement primaire qu'à moins de 2 kilomètres au-dessous de la surface on retrouverait certainement plissé, les couches tertiaires elles aussi, quand on les examine d'assez près, accusent une série de plissements à grande envergure. Nous verrons d'ailleurs bientôt que, d'après de nombreux indices, la période géologique dans laquelle nous vivons paraît, comme toutes celles qui l'ont précédée, caractérisée par une déformation lente du sol, relevant ici les côtes et là les affaissant sous la mer; à côté de ces mouvements progressifs, les tremblements de terre et les éruptions volcaniques accusent également de toutes parts, sous nos yeux, des ruptures d'équilibre plus brusques. La Terre, que nous voudrions nous imaginer solide et stable pour asseoir sur elle les fondements de notre vie mobile, a toujours été et sera peut-être encore longtemps en état de mouvement constant, jusqu'au repos final, correspondant à une consolidation plus complète et à un refroidissement interne plus avancé, qui sera bien près de marquer sa mort.

La loi mécanique et le sens de ces déformations terrestres aux diverses époques offrent déjà un premier exemple de cette évolution que nous nous attachons à retracer ; car il semble bien, comme je vais commencer par le montrer, que cette loi n'ait pas toujours été la même.

Les deux formes typiques et classiques, les aspects élémentaires de ces déformations, peuvent être symbolisés : d'un côté, par les failles, où l'on croit voir l'indice d'une force verticale et, de l'autre, par les plissements, où se dénote une force horizontale et tangentielle, ayant elle-même probablement pour cause la gravité. Plis et failles ont sans doute un lien réciproque et passent les uns aux autres par des transitions. Cependant il paraît y avoir deux modes réellement différents de mouvements terrestres, quelles qu'en soient la cause première et la connexion : 1° le déplacement relatif, dans le sens vertical, en haut ou en bas, de compartiments limités par des cassures ; déplacement, qui entraine, à son tour, des cassures périphériques et radiales autour de dômes soulevés ou de cuvettes d'affaissement ; 2° le déplacement dans le sens horizontal, qui détermine des plissements, des charriages, des renversements, ou, par fracture de blocs plus solides et glissement relatif de ces voussoirs disjoints, des « décrochements ». Ces deux catégories d'accidents peuvent différer par leur origine immédiate comme par leur mode d'action.

Quand nous les rencontrons simultanément dans une même période géologique, nous sommes conduits à regarder les premiers comme ayant affecté brusquement des zones trop massives, trop solides et trop compactes pour avoir pu se plier ; les seconds comme s'étant produits avec une lenteur plus grande dans les zones, où les terrains stratifiés ont pu se comporter comme une masse flexible et élastique. Or, plus nous remontons le cours des âges, plus les plissements progressifs semblent avoir prédominé, tandis que les dernières périodes géologiques sont celles où le rôle des effondrements soudains, toujours discuté par beaucoup de géologues, a le plus de chances pour être intervenu [1]. Cela revient à dire, conformément à beaucoup d'autres indications concordantes, que l'écorce terrestre aurait commencé par être plus généralement flexible, souple, plastique et susceptible de se prêter continuellement à des ondulations répétées, pour devenir, avec le temps, de

1. Cependant la ligne d'effondrement si marquée **des lacs** africains apparaît peut-être déjà dès le jurassique.

plus en plus massive, compacte et, par suite, forcée de se briser par tronçons, par compartiments, par voussoirs, lorsque après être restée longtemps en porte-à-faux, elle devait finalement subir une déformation.

Il est très logique, en effet, que cette écorce se soit épaissie peu à peu en s'incorporant une proportion croissante de roches cristallisées par fusion et la loi historique des plissements successifs, que nous essayerons bientôt de mettre en évidence, est celle d'une localisation progressive dans les zones fragiles, avec une extension croissante des zones définitivement consolidées.

Cependant, quand on envisage cette évolution des phénomènes, on ne doit pas oublier que, suivant une remarque antérieure, les chaînes montagneuses nous sont manifestées au jour par une section plus profonde quand elles sont plus anciennes et il faudrait donc se garder de prendre pour un fait d'évolution ce qui pourrait être simplement une caractéristique de la profondeur.

Mais, à cet égard, on est, ce semble, rassuré par la loi même de ces variations en profondeur, qui paraît, au contraire, quand on s'enfonce assez [1],

1. Quelquefois les plis se multiplient d'abord à une certaine profondeur (*La Science géologique*, p. 365) ; mais une chaîne fortement érodée paraît toujours gagner en simplicité.

avoir pour résultat de simplifier, de régulariser les plissements et de les réduire à quelques accidents plus rectilignes. D'autre part, il ne **convient** pas de trop généraliser notre observation: les chaînes anciennes, elles aussi, manifestent **des** cassures à déplacement vertical et des **perfora**tions également verticales, avec les épanchements volcaniques et les circulations d'eaux métallisantes qui paraissent toujours avoir été surtout liés à ce genre d'accidents.

Sauf cette remarque, nous croyons observer, comme je l'ai dit, dans les périodes anciennes, une généralité très grande des plissements, qui, appliqués alors à une écorce relativement homogène, ont pu exercer sur celle-ci leur action déformante dans un sens plus conforme à la symétrie générale produite par la rotation dont il **va être** question bientôt. Si cela est exact, le dessin de ces grands plissements, manifestés dans les âges suivants, aurait été alors esquissé sur toute la surface de la Terre par l'effet de ses premières contractions ; puis, dans la suite des temps, ces premiers plis auraient sans cesse influencé les plis nouveaux, de plus en plus localisés par une consolidation progressive, qui tendaient à se produire ; et la direction de ceux-ci se serait approximativement superposée à celle des anciens, sinon avec l'exactitude rigoureuse et illusoire qu'on a parfois attri_ buée à ce phénomène, du moins dans leurs grandes lignes générales.

En même temps, le rôle des effondrements, très restreint au début, se serait peu à peu accentué

Cette idée, conforme avec l'ensemble des observations, est d'accord avec les deux théories principales que l'on peut invoquer pour l'origine des plissements. Quand on suppose, comme je le crois, ces derniers directement amenés par une cause profonde, il est naturel que les premières zones fragiles et déjà une fois plissées aient gardé, à moins d'injections éruptives jouant le rôle de ciment, une fragilité propre à les faire se plisser de nouveau. Quand on explique les plissements par ce que l'on appelle l'isostase, c'est-à-dire par le relèvement de la température sous les accumulations de sédiments dans les fosses synclinales et la plasticité plus grande de ce fond ramolli ou refondu, on est plus nettement encore amené à penser qu'un premier pli synclinal, ou pli en forme de cuvette, a dû avoir une tendance à s'approfondir peu à peu par la base, tout en se comblant par le haut et tout en subissant un effort de compression latéral, qui y plissait les sédiments en une série de W.

Pour les effondrements au contraire, ce tracé préalable, ce dessin déjà fortement marqué à la superficie dès la première heure ne semble pas

exister : ce qui accentue la différence entre les
deux catégories d'accidents. Le plan, que l'on peut
imaginer, si on le veut, arrêté d'avance ou virtuel-
lement déterminé par des conditions physiques
initiales, se révèle soudain. C'est une brusque coupure, par cataclysme, qui vient tout à coup rompre
la continuité des terrains et qui, si elle a pu être
annoncée quelquefois par une cassure (filon ou
faille) antérieure, si surtout elle a pu se dévier le
long de ces déformations précédentes, ne parait
pourtant pas, en général, avoir été précédée de
longue date par une série de mouvements analo-
logues.

Sans préparation visible, un ancien continent se
morcelle et se coupe en deux ou plusieurs blocs
distincts, déterminant peut-être par là, le long des
fractures, la création de zones faibles nouvelles,
qui se transformeront ultérieurement en des
zones de plissements.

Comme une observation précédente a pu le
faire prévoir, ces effondrements, dont l'existence
même est encore discutée par de nombreux géologues, ont dû avoir de toutes façons, dans la formation de la structure terrestre, jusqu'aux époques récentes, un rôle subordonné. Quand on les
constate, on a même parfois aujourd'hui une tendance à les expliquer par des plis à amplitude
particulièrement vaste. Ce qui domine de beau-

coup dans l'allure des terrains géologiques sur nos continents, ce sont les mouvements tangentiels, les déplacements produits par une compression horizontale (à cause première verticale, comme nous le verrons), dont les plis simples sont déjà un indice et, à plus forte raison, ces plis couchés et ces charriages, que les théories modernes font, avec une élégante facilité, passer en « traîneau écraseur » sur la largeur des Alpes ou des Carpathes. Mais il ne faut pas pour cela, je crois, nier le rôle des failles et des dislocations longitudinales, ou le subordonner entièrement aux plis, dont ces cassures ne seraient qu'un détail très secondaire et local. Quand on reconnaît des filons métallifères, c'est-à-dire des cassures incrustées par les minerais, sur 100 kilomètres de long, quand on voit des massifs ou « horsts » encadrés d'un réseau de failles, avoir monté et descendu sans cesse au cours de l'histoire géologique, quand on constate des dénivellations par faille sur 3 kilomètres de haut ; plus encore, quand on observe, sur toute la longueur des côtes Atlantiques, les zones de terrains tranchées à l'emporte-pièce, ou même quand on suit une ligne d'évents volcaniques sur la côte Pacifique d'un bout à l'autre des deux Amériques, il est difficile d'échapper à l'hypothèse de mouvements verticaux considérables, directement causés par la gravité.

Sans doute, dans le dernier cas, on a fait remarquer que ces évents volcaniques n'étaient nullement reliés les uns aux autres par des cassures et que leur alignement était approximatif; cet alignement n'en existe pas moins dans l'ensemble, et la suite de ces évents nous apparaît comme une ligne de boulons, qui auraient sauté en ouvrant un rang de perforations cylindriques, suivant une direction où se produisait évidemment, soit un maximum d'effort, soit un maximum de fragilité.

Le jour où on a commencé à se trouver en présence d'observations géologiques assez étendues et assez multipliées pour pouvoir envisager de tels mouvements; le jour où, pour la première fois, on a compris que les montagnes avaient une histoire et que la série de leurs surrections marquait, dans l'évolution terrestre, des dates ou plutôt des périodes caractéristiques, auxquelles il était permis de rattacher une foule d'autres phénomènes, une interprétation géniale en a été aussitôt donnée par Élie de Beaumont, qui, invoquant la contraction progressive du noyau interne, a supposé que l'écorce terrestre se plissait ou se cassait pour continuer à s'appliquer sur lui, en entrant dans une sphère de rayon peu à peu réduit; ce plissement, suivant lui, entraînait, par une singulière prescience de ce que nous appelons des charriages, un déversement latéral, un *rempli*.

C'est encore cette théorie générale qui, complétée et modifiée suivant les observations ultérieures, surtout dégagée de systématisations géométriques par lesquelles elle a été discréditée, me paraît le mieux expliquer les faits dans leur ensemble. Dans une étude, qui occupera tout un paragraphe suivant, nous considérerons la majeure partie des déformations terrestres comme causées par le rapprochement, la compression de quelques grands compartiments ou voussoirs, entre lesquels l'écorce sphérique s'est trouvée, à un moment quelconque, divisée, et que séparaient des zones affaiblies, instables, dans un équilibre précaire, sur lesquelles se sont accumulés les plissements, tantôt sous la forme de dépressions, tantôt sous celle de saillies, suivant que la composante verticale de l'effort s'y manifestait dans un sens ou dans l'autre, positive ou négative. En remontant plus haut dans le temps jusqu'à l'origine, nous admettrons qu'au début, la Terre s'est trouvée, à tous égards, dans des conditions d'homogénéité plus grande, avec une écorce plus mince, plus flexible, moins compliquée par les introductions locales de roches dures et cristallines alternant avec des sédiments, que ses dimensions plus vastes et la dissémination plus grande des plissements nécessitaient alors une moindre intensité de ceux-ci, en même temps que les actions calorifiques internes étaient plus également réparties, comme, pour d'autres causes, on a supposé un rayonnement plus parallèle et plus uniforme d'un soleil moins condensé[1].

Les premiers plissements ayant donc assez uniformément ridé toute la surface terrestre de petites rides peu accentuées, suivant un dessin qui s'est ensuite accusé et gravé de plus en plus vigoureusement, il paraît y avoir eu assez vite consolidation de quelques grands voussoirs, de quelques blocs solides cimentés intérieurement par le métamorphisme et par les injections de roches fondues et réservant des zones en fuseaux intermédiaires; c'est surtout sur celles-ci, comme je viens de le dire, qu'ont porté plus tard les mouvements, soit d'affaissement, soit de soulèvement, soit de compression, déterminés les uns et les autres par la contraction. Progressivement, ces mouvements se sont localisés sur une portion de plus en plus étroite de ces fuseaux par les progrès de la consolidation, qui ajoutait peu à peu de nouvelles zones

---

1. Cependant il ne faudrait pas aller jusqu'à imaginer, dans ces temps anciens, une surface terrestre uniformément brûlée par la chaleur interne, du moins à partir du moment où les terrains sédimentaires sont datés par l'apparition des premiers restes vivants. On sait quel est le rôle insignifiant de la chaleur interne dans le réchauffement superficiel et, à partir du moment où la vie s'est manifestée, l'écorce paraît avoir déjà été assez épaisse pour qu'il en fût ainsi.

stables à la périphérie des anciens compartiments solides, comme une glace qui se prend autour des blocs d'une banquise et, d'autre part, des effondrements, des cassures ont pu, dans l'intérieur des compartiments eux-mêmes, représentant un état de stabilité toute relative, créer de nouvelles zones fragiles. Dans cette mesure, il y a donc eu déplacement en même temps que consolidation des accidents terrestres. Je ne pense pas qu'il faille attribuer à cette solidification de notre petite boule scoriacée un excès de régularité incompatible avec sa nature même ; mais, sans exagérer la rigueur, on peut, précisément en imaginant ce qui se passerait dans une boule métallique en fusion, refroidie par la surface et subissant une double rotation, — sur elle-même, autour de son axe et autour du soleil, — concevoir, ce semble, grossièrement, l'ensemble des phénomènes, par lesquels le relief actuel s'est constitué et doit se modifier encore dans l'avenir. C'est ce que nous allons essayer de faire par deux méthodes différentes : 1° en cherchant la loi très générale et théorique des déformations, systématisée dans un symbole géométrique ; 2° en suivant plus empiriquement, sans aucune idée préconçue, le déplacement des rides terrestres, tel qu'il nous est révélé par l'orogénie, et essayant alors d'en retracer l'histoire.

12.

2° Loi théorique des déformations terrestres. — Système tétraédrique. — En restant tout d'abord dans le domaine de la pure théorie et prenant pour point de départ cette idée d'une contraction progressive, **qui est la plus naturelle et la plus probable.** on remarquera qu'au début, l'effet de cette contraction **a dû** pouvoir se réaliser **assez** simplement, sur une écorce encore très ample, très homogène et très flexible, par une série de plissements, auxquels la symétrie de la Terre autour de son axe, causée par la rotation, devait imprimer leur direction prédominante et qui devaient. par conséquent, affecter des formes de fuseaux allongés suivant des parallèles, avec un bourrelet principal suivant l'équateur. Cela serait encore plus vrai si, comme M. Michel Lévy[1], l'a admis avec Emerson, il y avait eu diminution progressive dans la vitesse de rotation terrestre. La conséquence d'une telle réduction dans la vitesse serait, en effet (contrairement aux idées préconçues). un accroissement de la sphéricité, donc un allongement relatif de l'ellipsoïde dans le sens des pôles. ou plutôt, en raison de la contraction, une réduction du diamètre équatorial par rapport au diamètre axial supposé relativement constant. Le résultat nécessaire aurait été alors la

---

1. Leçons du Collège de France, 1905.

formation rapide d'un bourrelet équatorial, obligé de retrouver en hauteur, par des plissements, l'espace que la compression lui retirait tangentiellement. Il ne semble pas nécessaire d'invoquer pour cela un phénomène aussi grave et aussi peu démontré que cette diminution dans la vitesse de rotation et la contraction à elle seule paraît pouvoir suffire ; mais c'est, en tout cas, une des observations les plus curieuses de la paléo-géographie que l'existence, dès le début des temps primaires (étage n° 2), d'un semblable continent équatorial allongé dans le sens Est-Ouest de l'Amérique du Sud à l'Afrique, à l'Inde et à l'Océanie : continent destiné à se morceler par accidents Nord-Sud dans les mouvements de fracture ultérieurs[1].

Pendant longtemps, cette orientation des massifs continentaux dans le sens Est-Ouest, si contraire à leur disposition actuelle avec un allongement Nord-Sud, a visiblement prédominé ; on la voit encore très accentuée à l'époque carbonifère, pendant la période westphalienne (n° 12), où les trois grands plateaux sibérien, canadien-scandinave et brésilo-africain, allongés dans le sens Est-Ouest, sont séparés par des mers intérieures également

---

1. Ce caractère, déjà marqué sur les cartes paléo-géographiques que l'on trouvera reproduites dans la *Science géologique* p. 487 et 499, s'est encore accentué par les rectifications que des découvertes récentes conduisent à y introduire.

Est-Ouest, encore à peu près symétriques par rapport à l'équateur, dont la plus septentrionale prélude à notre Méditerranée. L'idée théorique d'un très ancien plissement par fuseaux parallèles, sur laquelle nous aurons à revenir dans un paragraphe ultérieur, trouve donc quelque confirmation dans les faits.

Toujours par une simple vue théorique, il est encore logique de supposer que la contraction de l'écorce terrestre, d'abord très facilement et très progressivement effectuée quand le noyau intérieur s'était encore peu réduit, a dû devenir de plus en plus difficile et nécessiter, par conséquent, des ruptures d'équilibre de plus en plus violentes, en même temps que plus rares, lorsque cette écorce plus épaisse a acquis plus de stabilité et plus d'indépendance par rapport au noyau. C'est alors que l'on est en droit d'imaginer la possibilité de vides internes amenant de soudains effondrements, qui avaient peu de chances de se réaliser dans les conditions des temps primaires, et c'est alors aussi que la contraction, d'abord manifestée par une déformation générale et symétrique du modelé, a dû avoir une tendance croissante à s'effectuer suivant des plans de contact, par faces planes géométriques, par voussoirs tombant d'un bloc pour venir s'appliquer tangentiellement sur une sphère de rayon moindre et déterminant alors, suivant les zones de rupture, des fuseaux fragiles, soumis à une compression intense, **par** conséquent redressés et déversés en des plis **de plus en plus** exagérés.

Nous sommes ainsi conduits à expliquer, par une loi d'évolution logique, ce qui paraît être, en réalité, un fait d'observation : à savoir, l'ancienne prédominance des plissements suivant des parallèles, d'abord à l'équateur, puis à peu près symétriquement par rapport à l'équateur et l'introduction croissante, dans les temps récents, d'éléments étrangers à cette première symétrie, causée par la seule rotation, mais dépendants, au contraire, d'un autre genre de symétrie géométrique que nous allons avoir à examiner. Nous voyons, en même temps, comment le rôle des effondrements, d'abord à peu près nul, a dû aller en s'accentuant et comment, s'il y a dans la structure terrestre un dessin géométrique, c'est par ces effondrements surtout et par les plus récents de préférence qu'il doit progressivement se manifester. Enfin, nous concevons, entre les diverses déformations dynamiques de la structure, une relation, bien probable d'avance : les ruptures linéaires pouvant être le prélude de plis ultérieurs, distincts des plis primitifs immédiatement solidaires de la rotation ; ce qui autorise, dans une certaine mesure, à assimiler ces cassures linéaires avec des plis quand nous allons chercher le plan géométrique de notre planète.

La conséquence principale de ces déductions logiques est que, s'il y a, dans la Terre, un plan géométrique, ce plan est seulement destiné à achever de se réaliser ultérieurement et le relief actuel est, plus que tout autre tracé du relief paléo-géographique, susceptible de nous le faire connaître, pourvu que l'on s'attache de préférence aux lignes de cassure marquées par des bords d'effondrements marins ou par des séries d'events volcaniques, plutôt qu'à l'allure intérieure des grands massifs anciens, où l'influence prépondérante des premiers plissements parallèles se fait surtout sentir.

C'est, en fait, la méthode qu'ont suivie la plupart de ceux qui ont cherché à élucider cette question en traçant sur la Terre un réseau géométrique et leur point de départ a toujours été, soit le relief actuel des continents, soit la coordination du volcanisme.

Mis en présence de ce relief actuel sans idée préconçue (et j'ajouterai même sans notion géologique), on ne saurait manquer d'être frappé par les apparences de dessin géométrique qu'il présente, par les alignements de montagnes, par les guirlandes d'îles si continues, par le groupement, la correspondance, le balancement symétrique de certains éléments, notamment par la terminaison en pointes si analogues des trois grands continents vers le Sud, par l'existence si probable d'un massif montagneux au pôle antarctique en pendant avec une mer profonde au pôle Nord, par l'accumulation des terres dans un hémisphère tandis que l'autre est couvert presque entièrement d'océans, enfin par l'allure si particulière de cette immense mer Pacifique avec sa ceinture de volcans.

Quand, d'autre part, on cherche, en dehors de toute géologie, quelle doit être la forme la plus vraisemblable d'une enveloppe sphérique amenée à se contracter, pour continuer à s'appliquer sur un noyau de moindre diamètre, on est conduit, parmi les polyèdres symétriques, à choisir celui dont la surface est la plus grande pour le plus petit volume, c'est-à-dire le tétraèdre, ou, si l'on veut, l'hexatraèdre à 24 faces, qui dérive aussitôt du tétraèdre en cristallographie. Si la Terre avait approximativement la forme d'un tétraèdre symétrique autour de son axe de rotation, on devrait avoir des mers suivant les quatre faces de ce solide, où la forme sphérique des océans devrait s'écarter le plus de l'écorce solide, puis des lignes de rupture ou des chaines plissées (qui, pour nous, sont équivalentes) suivant les arêtes, enfin des continents aux sommets et particulièrement à une des extrémités de l'axe de rotation, l'autre bout du même axe étant occupé par une mer.

Il existe, en effet, entre une telle structure tétraédrique et l'allure réelle du relief terrestre, quelques coïncidences, qui ont vivement frappé des savants tels que MM. de Lapparent et Michel Lévy. La plus remarquable est, sans doute, l'existence autour du pôle Nord d'une mer qui paraît avoir existé constamment depuis les temps les plus anciens, tandis que le pôle Sud semble, on le sait, occupé par un très haut massif montagneux, vers lequel viennent converger des lignes de rupture caractéristiques, telles que la chaine des Andes ou la trainée des volcans de l'Atlantique. On peut également remarquer l'accumulation actuelle des masses continentales dans les triangles boréaux, où il est permis de voir en elles des sommets du tétraèdre, tandis que les mers dominent, suivant les prévisions, dans l'hémisphère Sud. Enfin, si l'on a fait intervenir les torsions que n'a pu manquer de produire le mouvement de rotation autour d'un axe sur une enveloppe scoriacée encore incomplètement fixée, on s'explique l'inflexion si marquée des continents à leur extrémité Sud.

Ce sont là des rapprochements très intéressants, à la condition de les laisser un peu dans le vague et de les considérer plutôt comme une *tendance* à la forme tétraédrique que comme une réalisation. Je ne sais s'il serait prudent d'aller plus loin et de chercher à cette idée générale une confirmation plus précise, dans un réseau géométrique plus rigoureusement appliqué sur la surface terrestre. La forme strictement géométrique du tétraèdre se heurte, à côté des coïncidences signalées, à de sérieuses objections, dont la principale est la difficulté d'y faire rentrer l'élément peut-être le plus frappant du globe, cet immense Océan Pacifique, sans être amené à le mettre en pendant avec les espaces les plus continentaux de la Terre[1]. Il faut, je crois, avoir la patience d'attendre que nos esquisses paléo-géographiques soient un peu mieux assises pour pouvoir raisonner sur elles avec plus de sécurité et pour espérer y voir apparaître ce plan géométrique, esquissé dès la première heure en un vague croquis, que des coups de burins successifs auraient peu à peu marqué plus vigoureusement et accentué.

Sous la forme où ces cartes paléo-géographiques se présentent actuellement, on est bien forcé de reconnaître que les traits constamment modifiés d'une période à l'autre l'emportent de beaucoup sur ceux auxquels on peut attribuer une certaine fixité. Dans les éléments du relief actuel ceux qui

1. De même les zones sismiques, qui sont des zones faibles, ne concordent pas toujours avec les réseaux tétraédriques proposés.

remontent un peu loin sont l'exception et la comparaison de cette série de cartes à formes sans cesse changeantes est d'abord une déception pour celui qui se propose d'en établir la loi.

Cependant, en dehors de certains traits qui, inaperçus au début, se sont fixés l'un après l'autre relativement vite et ensuite conservés, il en est quelques-uns, en petit nombre, mais d'autant plus importants à noter, qui semblent bien avoir existé dès la première heure. L'impression que l'on éprouve à feuilleter un atlas de paléo-géographie peut être comparée à celle que produisent des photographies successives de la même personne, surtout si elles ont été prises dans l'enfance, à cette phase de la vie où les transformations se font le plus rapidement et où tous les ancêtres paraissent l'un après l'autre venir réclamer leur ressemblance : la première n'a guère de rapport avec la dernière ; pourtant, quand on remonte à partir de celle-ci vers la première, on peut constater à quel moment chacun des traits qui la composent s'est introduit dans le visage pour s'y fixer et l'on s'aperçoit alors que quelques-uns remontent jusqu'à l'origine.

Parmi ces traits permanents, les deux plus nets sont l'axe de rotation lui-même, auquel on peut attribuer une fixité approximative, quoique souvent contestée, et la zone, peu à peu déplacée ou plutôt localisée, de plissements et de dépressions, qui, sous la forme de notre Méditerranée avec les chaînes montagneuses voisines, marque encore, dans un relief où les accidents Nord-Sud ont pris une importance croissante, la persistance des anciens plis Est-Ouest, à peu près seuls dessinés au début.

La fixité de l'axe terrestre se conclut, en particulier, des remarques que j'ai déjà faites sur la distribution des plis suivant des zones conformes aux parallèles et même, à l'origine, suivant une zone équatoriale, ainsi que sur la persistance d'une dépression océanique au pôle Nord avec un continent au pôle Sud.

Il en résulte, on le voit en passant, un intérêt capital pour toutes les explorations géologiques des régions polaires, où se trouve le nœud de problèmes tout à fait capitaux.

Quant à l'existence d'une série de fosses méditerranéennes légèrement déplacées avec le temps, qui, au sens géologique, prolongent notre Méditerranée proprement dite, d'un côté vers le golfe du Mexique, de l'autre vers la Caspienne et la mer de Chine, elle apparaît dès que l'on compare entre elles des cartes paléo-géographiques correspondant à des périodes très diverses, telles que le cambrien (nº 2), le dinantien (nº 11) ou le lutétien (nº 44). J'ai déjà donné de ce sillon méditerranéen une explication, fondée simplement sur la formation du bourrelet équatorial entraînant des plis synclinaux corrélatifs. Le seul refoulement des massifs polaires, que nous décrirons plus loin. contre les massifs équatoriaux suffit, je crois, à l'expliquer. Il convient cependant de mentionner l'hypothèse de M. de Lapparent, qui y a vu une rupture résultant de la torsion : la base trop élargie du tétraèdre dans l'hémisphère boréal ayant dû conserver en s'évasant une vitesse trop faible, tandis que la pointe trop rétrécie gardait en se contractant une vitesse trop grande. Nous reviendrons en détail, dans un chapitre ultérieur, sur l'histoire de cette mer.

3° Coordination géologique et histoire des déformations terrestres. — Jusqu'ici nous nous sommes contentés d'envisager les traits tout à fait généraux de la stucture terrestre et de chercher s'ils se prêtaient à une systématisation théorique, en ne recourant aux faits d'observation que pour montrer dans quelle mesure ceux-ci viennent à l'appui de la théorie ou paraissent l'infirmer ; nous devons maintenant entrer davantage dans le détail des observations et surtout, puisque nous nous proposons de retracer ici l'histoire de cette structure, retracer dans l'ordre chronologique les épisodes principaux de la déformation subie par l'ellipsoïde de la Terre. C'est, en dehors de son intérêt propre, le point de départ de toute étude relative à la paléo-géographie, à la stratigraphie, à la pétrographie, à la métallogénie ; car tous les phénomènes, que manifeste l'écorce terrestre, sont solidaires et tous, à l'exception peut-être de ces flux et reflux que l'on a appelés eustatiques, ont pour point de départ les incidents par lesquels son relief s'est trouvé progressivement ou brusquement modifié.

J'ai déjà brièvement indiqué comment, en supposant une contraction progressive de l'écorce, on pouvait imaginer, d'abord, à sa surface, une série de plissements avec charriages ou remplis, puis un rôle croissant des cassures verticales et des effondrements, eux-mêmes susceptibles de déterminer des aires nouvelles de plissement ; j'ai même, à ce propos, fait allusion à la consolidation de certains massifs antérieurement plissés, qui, ensuite, n'ayant plus assez d'élasticité pour se prêter aux plissements, se sont tronçonnés par cassures rectilignes et ont alors, suivant ces cassures, créé des aires synclinales affaiblies, susceptibles de donner naissance à des plis nouveaux ; mais ce sont là des notions très vagues pour des phénomènes en réalité fort complexes et il nous faut maintenant étudier la façon dont se sont produits ces plissements, traduits au jour par nos chaines montagneuses, ainsi que l'influence sur eux des massifs solides, irrégulièrement semés dans leur sillon comme des écueils au milieu des vagues.

13.

Ramené à son expression la plus simple, un plissement de l'écorce terrestre est, nous l'avons vu, l'effet d'une compression latérale, résultant de la descente verticale dans une sphère de rayon moindre et exercée, sur une zone intermédiaire flexible, par deux mâchoires solides, entre lesquelles cette zone flexible s'est trouvée forcée de se plisser pour se réduire en largeur. Plus la zone flexible était vaste et plus la compression se faisait à grande distance, comme cela a dû être le cas dans les premières périodes géologiques, plus le plissement a dû être simple et régulier; au contraire, à mesure que le temps s'est écoulé et que les mouvements se sont succédés les uns aux autres, les zones flexibles se sont restreintes, et, en même temps, leur ondulation s'est trouvée dérangée et compliquée par les épaves des mouvements antérieurs; c'est sous cette forme sinueuse qu'ils nous apparaissent presque partout. D'autre part, si les deux mâchoires avaient été animées en sens inverse d'un mouvement égal vers une cassure rectiligne, il y aurait eu pli symétrique; mais le mouvement presque nécessairement inégal des deux mâchoires a déterminé, d'ordinaire, un déversement dans le sens de la poussée prépondérante. Sans entrer dans le détail d'un mécanisme compliqué, qu'achèvent de débrouiller les tectoniciens, il faut du moins montrer rapidement en quoi il consiste et surtout mettre en évidence le rôle capital des écueils sur le passage des plis, qui fournit la clef de toutes les sinuosités et les torsions montagneuses.

Les deux mâchoires comprimantes d'un pli sont ce que l'on appelle l'Avant-Pays et l'Arrière-Pays; le mouvement relatif des deux mâchoires l'une vers l'autre, qui, nous venons de le voir, ne saurait être exactement correspondant et égal, se traduit par un déplacement horizontal de l'Arrière-Pays vers l'Avant-Pays, avec tendance à passer par-dessus la zone intermédiaire, où les plissements se produisent, et, par conséquent, à coucher et charrier ceux-ci dans le sens de l'Avant-Pays. Il y a, de ce chef, une dissymétrie presque forcée entre les deux flancs des chaines montagneuses produites par les plissements et cette dissymétrie se reproduit, en s'accentuant encore davantage, pour toutes les manifestations pétrographiques et métallogéniques connexes de tels plissements.

En principe, le déversement, la poussée au vide a dû se faire à partir du voussoir qu'animait le mouvement le plus rapide. Ce sens de la poussée est donc très variable; sur la longueur d'une même chaîne, le massif qualifié d'Avant-Pays peut passer d'un côté à l'autre; ainsi, pour les plis tertiaires européens, il est au Nord, et. pour le prolongement des mêmes plis en Asie, au Sud.

Souvent la poussée se reproduit en couronne tout autour d'un même voussoir, qui paraît avoir été animé d'un mouvement particulièrement rapide; c'est ainsi que les flèches de poussée divergent à partir de la Méditerranée orientale ou de la plaine hongroise, tandis qu'elles convergent vers l'Adriatique ou vers la plaine roumaine.

Le rôle de ce que j'appelle les écueils a été de dévier, de tordre les plis, forcés de s'insinuer entre eux. Ce rôle est tellement constant qu'une torsion inexpliquée d'une chaîne montagneuse peut faire deviner l'existence d'un écueil ignoré. Ces écueils, ce sont les fragments d'Avant-Pays, antérieurement consolidés à la suite de plissements préliminaires et dont la compacité résiste maintenant aux plissements nouveaux, sauf à se fracturer sous leur choc. Ces sortes de vagues, qui représentent les plis terrestres, se trouvent forcées de contourner ces massifs et de s'insinuer en se laminant dans les passages réduits, dans les défilés ménagés entre eux, tandis que, là où les écueils sont très écartés, elles s'étalent à l'aise, par grandes vagues plus amples à moins brusques saillies. Il en résulte, en très grand, pour l'ensemble des chaînes plissées, une structure comparable à celle que l'on retrouve en plus petit dans le détail d'une chaîne même et qui, sur une échelle beaucoup moindre, appliquée à la constitution intime d'une roche gneissique, prend le nom de structure amygdaloïde.

Comme on le voit, les mots d'Avant-Pays et d'Arrière-Pays sont tout relatifs et la distinction entre l'écueil et la zone plissée n'est elle-même exacte que si on précise pour quelle période géologique. Une zone, qui a d'abord fait partie d'un ou plusieurs plissements, se trouve ensuite transformée en voussoir solide. Cela apparaît très nettement quand on examine la carte géologique d'une région plissée, à la condition que l'on sache la lire et la nouvelle carte géologique au 1/1.500.000ᵉ de notre Europe, qui est assurément une des régions les plus compliquées et géologiquement les plus instructives du monde, mais aussi une de celles où les plis récents ont le rôle le plus dominant, en offre aux yeux une image frappante. On y voit aussitôt le rôle joué, dans la constitution européenne, par les grands massifs anciens de consolidation carbonifère, le Plateau espagnol, le Plateau central, les Vosges, la Bohême, la Plate-forme russe, contre lesquels les plis tertiaires plus méridionaux sont venus se briser et s'infléchir comme sur des butoirs.

Ce qui est immédiatement manifeste dans le cas de l'Europe méridionale et centrale, par le contraste des massifs carbonifères à terrains primaires morcelés avec les longues sinuosités encore continues des plis tertiaires, demande un peu plus d'attention quand il s'agit de démêler, dans une région à déformations plus anciennes, les lambeaux de chaînes successives, qui, les unes comme les autres, nous apparaissent aujourd'hui morcelées. En pareilles circonstances, la règle est la suivante. Ce qui caractérise, pour un bloc de terrains quelconques, sa phase de consolidation, c'est que tous les terrains antérieurs se montrent, dans un tel bloc, plissés et contournés, tous les sédiments postérieurs horizontaux. Il faut naturellement tenir compte des cas où ces terrains ne seraient restés horizontaux que parce qu'ils n'auraient pas encore eu l'occasion de se plisser; mais les plissements sont un phénomène si général à la surface de la Terre que cette explication n'est pas admissible lorsque les terrains, demeurés horizontaux, remontent à une époque déjà ancienne.

En partant de cette notion, on peut, sur un planisphère, distinguer les régions par des teintes ou des notations différentes et l'on s'aperçoit alors que certaines phases de consolidation (c'est-à-dire certaines périodes de plissement) ont présenté un caractère de généralité extrêmement remarquable, tout en ayant pu, dans le détail, varier d'un point à l'autre et tout en s'étant prolongées, en un même point, pendant un temps plus ou moins long. On suit également la marche de cette consolidation, que trouble seulement un peu, suivant une remarque précédente, l'intervention des ruptures récentes par effondrement, mais qui n'en obéit pas moins à une loi générale d'extension progressive (entraînant par contre-coup la localisation des plissements): loi intéressante par sa simplicité.

Les phases, dont il s'agit et qui constituent, dans l'histoire de la Terre, des époques critiques, séparées par des périodes d'accalmie, sont, dans leur ordre de succession : la phase *précambrienne*, la phase antérieure au dévonien (ou *calédonienne*), la phase carbonifère (ou *hercynienne*), la phase tertiaire (ou *alp-himalayenne*); phases principales, entre lesquelles il serait facile d'en intercaler beaucoup d'autres.

Nous avons, dès lors, une première zone, où, partout, les terrains archéens antérieurs au précambrien, et le précambrien même (étage 1), d'abord plissés, puis arasés par l'érosion, forment une plate-forme solide, sur laquelle tous les sédiments successifs, qu'ont amenés des transgressions marines, sont restés horizontaux, qu'ils soient d'ailleurs cambriens, carbonifères, crétacés ou tertiaires, tout en ayant pu subir les uns par rapport aux autres des mouvements relatifs de bas en haut. Cette première zone, la plus anciennement consolidée que nous soyons en état de reconnaître, avait dû, antérieurement à l'apparition de la vie, qui nous permet seule d'établir des dates et des coupures dans cette histoire à partir du précambrien, subir elle-même une série de mouvements antérieurs. Il est manifeste que ses tronçons, tels que nous arrivons à les reconstituer en faisant abstraction des accidents postérieurs, sont déjà le résultat de nombreux plissements, qui se sont influencés réciproquement, comme ceux dont nous reconstituerons plus tard l'histoire[1]. Par suite de ces plissements, dont on retrouve l'empreinte locale, sans pouvoir grouper, d'une région à l'autre, de semblables observations, les plates-formes précambriennes doivent déjà être formées d'une série de zones, successivement ajoutées les unes aux autres. Mais, en laissant de côté ces débuts qui nous sont ignorés, nous apercevons, dès la fin de l'époque précambrienne, certains voussoirs fixés à jamais, solidifiés. massifs, qui ont bien pu subir ultérieurement des déplacements verticaux, monter ou descendre, émerger ou disparaitre sous la mer, mais qui l'ont fait en principe par blocs, sans

1. Il ne paraît pas y avoir une seule région, où les terrains antérieurs au précambrien n'aient été plissés et recristallisés : ce qui donne à penser que l'absence d'organismes dans ces terrains antérieurs est purement accidentelle, ainsi que la coupure établie par nous entre les terrains dits précambriens, ou algon- kiens (1), dans lesquels commencent à se manifester des traces de vie et les terrains précédents, où ces traces ont, non pas manqué, mais disparu.

se prêter d'ordinaire à des plissements. Ces massifs primordiaux ont, par suite, joué un rôle tout à fait essentiel dans toute la tectonique ultérieure ; ce sont eux, qui ont imprimé leur direction à tous les plissements ; ce sont eux. qui ont formé les mâchoires des étaux, entre lesquelles se sont comprimées et plissées des zones intermédiaires plus faibles, plus élastiques (peut-être rendues plus souples par un premier effondrement, suivi d'une sédimentation active, qui y avait relevé les isogéothermes et avait rapproché les roches de la fluidité).

Ces massifs, comme nous allons le voir dans un instant, ont formé, dans l'hémisphère Nord, deux couronnes principales autour de l'axe terrestre, l'une voisine du pôle, l'autre voisine de l'équateur, avec quelques autres massifs plus petits intermédiaires. Cette disposition initiale, qui, suivant une remarque précédente, semble mettre en évidence la permanence approximative (souvent contestée) de l'axe terrestre, a déterminé le sens général des plissements, qui, en Europe, se trouvant comprimés entre la Scandinavie et l'Afrique, ont toujours eu une direction principale Est-Ouest et se sont, l'un après l'autre, écrasés du Sud au Nord contre la zone polaire, qu'ils ont successivement agrandie et consolidée : en sorte que la bande plissée a dû, peu à peu, se transporter en se localisant vers le

Sud, où la place parait, à la fin, près de lui manquer.

Après cette première zone précambrienne, nous passons à une seconde, qui, malheureusement, est encore mal connue, celle où la consolidation ne s'est faite qu'après le silurien (étages 2 à 4), de telle sorte que nous y trouvons les terrains jusqu'au silurien plissés et recouverts, après arasement, par du dévonien (étages 5 à 10) horizontal. C'est la chaîne dite *calédonienne*, parce qu'elle est surtout représentée en Écosse (Calédonie) et en Norvège.

Puis vient la zone tout particulièrement importante, où les mouvements se sont produits pendant le carbonifère et le permien (étages 11 à 16), la zone *hercynienne*, où, non seulement les terrains antérieurs au carbonifère, mais les divers niveaux du carbonifère eux-mêmes peuvent présenter des plissements et des discordances entre eux, tandis que les terrains postérieurs, lorsque la mer les a ramenés, après nivellement, sur des parties déprimées de cette chaîne, sont demeurés dans l'ensemble horizontaux. C'est la zone de l'Europe Centrale, que l'on appelle aussi armoricaine varisque.

Enfin arrive la dernière zone *alp-himalayenne*[1],

1. Je donne ici à cette zone une extension plus grande qu'on ne le fait d'habitude, en y comprenant toute la série des plissements tertiaires, depuis ceux qui ont pu commencer à la fin u crétacé

où les terrains tertiaires eux-mêmes peuvent apparaître plissés et où souvent les mouvements peuvent se continuer aujourd'hui-même encore : zone, où les tremblements de terre ont, par suite, leur maximum d'intensité. C'est la zone comprenant toutes les principales montagnes actuelles du globe (Alpes, Caucase, Himalaya, etc.) : autrement dit, qu'on ne l'oublie pas, les saillies les plus jeunes, produites par les mouvements les plus récents et que l'inévitable érosion n'a pas encore eu le temps de détruire.

On voit donc, par cet exposé, qu'il ne suffit pas, ainsi qu'on l'a dit parfois, de considérer les mouvements comme s'étant propagés peu à peu, à la façon de vagues, depuis le faîte primitif, vers la chaîne calédonienne, vers la chaîne hercynienne, et enfin vers la chaîne alpine, en sorte que chacune de ces chaînes représenterait une zone, où l'écorce serait restée stable jusqu'à une certaine période, puis le serait redevenue après s'être plissée et n'aurait eu ainsi qu'une part à peu près équivalente et momentanée dans les plissements ; mais il y a lieu, je crois, au contraire, d'insister sur la *localisation progressive de ces plissements*, qui ont dû être d'abord très généraux et embrasser toutes les zones précédentes, puis se restreindre peu à peu à une seule.

Cela n'empêche pas, d'ailleurs, que la zone de

plissement maximum n'ait dû se déplacer avec le temps : ce plissement maximum semblant toujours s'être produit le long des butoirs antérieurement solidifiés, des « Avant-Pays », suivant l'expression de M. Suess, comme les vagues sont plus hautes le long du rivage qu'au large ; mais ces vagues ont dû toujours se produire, quoique plus faiblement, même au large et cela explique comment, de plus en plus, on retrouve, dans les chaînes récentes, telles que la chaîne alpine, des preuves de plissements antérieurs, par exemple de plissements hercyniens, de même que certaines parties moins solides de la chaîne antérieure ont continué à subir des mouvements, souvent superposés aux premiers, que M. Suess a appelés, d'un terme très expressif, des plis posthumes.

L'aspect d'un planisphère tectonique, tel que celui dont nous venons de parler[1] accuse bien le rôle différent de la zone polaire arctique, qui forme le *horst universel*, de plus en plus étendu, peut-être aussi de plus en plus déprimé vers le centre par un aplatissement croissant du sphéroïde[2], et de la zone équatoriale, qui peu à peu se rapproche du pôle, à mesure que les périodes géologiques

1. Voir *la Science Géologique*, pl. I.
2. Certaines théories, contraires à celle dont j'ai dit un mot plus haut, page 138, admettent cet aplatissement. C'est un point tout à fait ignoré.

se succédent. On y voit la localisation progressive des plissements vers le Sud, en se rapprochant de la série des môles équatoriaux et, en sens inverse, la conquête progressive de zones de plus en plus méridionales, qui viennent s'ajouter aux premières zones polaires pour accroître cette sorte de faîte solidifié. Le phénomène est compliqué par les remous, de plus en plus prononcés, qui, à mesure que la zone relative aux plissements s'est resserrée, ont amené ceux-ci à se recourber de plus en plus sur eux-mêmes, à se tordre en véritables tourbillons, à s'insinuer dans les fissures vides des voussoirs précédents et ont produit, par suite, des mouvements de détail dans les sens les plus variables, contrastant avec l'unité générale des directions dans les faîtes primitifs. Il est, en outre, troublé par les effondrements, parfois tout à fait indépendants des zones plissées, qui semblent être intervenus, avec une intensité de plus en plus grande, à mesure que les plissements plus localisés suffisaient moins à contrebalancer la contraction terrestre. Néanmoins, dans l'ensemble, tout paraît s'être passé comme si la zone des massifs polaires avait progressivement accru son domaine et refoulé la zone plissable intermédiaire vers la zone des massifs solides équatoriaux, qui, de ce côté Nord, ne semble pas s'être augmentée peu à peu et qui l'a fait au contraire, elle aussi, du côté Sud par un progrès analogue à celui des faîtes boréaux. Ainsi se sont produites, par une conséquence directe, les mers intérieures en forme de longs sillons, dirigés suivant des parallèles, et dont la fosse méditerranéenne, que nous étudierons bientôt spécialement, est le représentant le plus caractéristique, tandis que les mers à axe Nord-Sud, comme l'Océan Atlantique, la mer Égée, la mer Rouge, la mer des Indes, sont le résultat, généralement récent, d'effondrements verticaux.

En résumé, l'on peut distinguer, dans la Terre, trois zones tectoniques principales, inégalement anciennes et formant autant d'ondes concentriques autour du pôle :

1° Les grands faîtes primitifs, dont le rôle a été si capital comme butoirs solides de tous les mouvements ultérieurs : le « Bouclier » canadien de M. Suess dans le Nord de l'Amérique ; le Groënland ; le « Bouclier » Fino-scandinave (Scandinavie et Finlande) ; le massif Sibérien et les môles problématiques de la Chine Orientale ou du Pacifique ;

2° La zone affectée par les plissements hercyniens d'âge carbonifère ;

3° La zone affectée par les plissements tertiaires.

Si l'on voulait entrer davantage dans le détail, il serait facile de multiplier ces zones principales et ce sera certainement l'œuvre des tectoniciens futurs de reconnaître et de dater toute une série d'étapes intermédiaires, dont quelques-unes commencent déjà à nous être connues. Avec plus ou moins d'intensité, les plissements terrestres ont dû se prolonger presque constamment, et la subdivision que je viens d'indiquer a donc quelque chose d'artificiel; elle suffit néanmoins à faire ressortir, dans leur ordre historique, les grandes zones tectoniques du globe.

Pour l'observateur vulgaire, et même pour le géographe qui ne s'appuierait pas sur la géologie, ces trois ou quatre différentes zones tectoniques se présentent dans des conditions singulièrement différentes : les premières, comme de vastes plaines ou des plateaux; la dernière comme une série de traînées montagneuses aux cimes déchiquetées, couvertes de glaciers. Aucun rapport entre un paysage de la baie d'Hudson, ou un panorama du Mont-Rose. Mais, dans le premier cas, au-dessus des plateaux ou des plaines abrasées, le tectonicien reconstruit, par la pensée, les milliers de mètres, que l'érosion a supprimés; il revoit ces chaînes de plissement, détruites jusqu'à la racine, telles qu'elles ont été au moment de l'apparition et, à ce qui est pour lui la vieillesse fatiguée de la Scandinavie ou de l'Ecosse, de la Sibérie, du Canada ou de la Bohême, il substitue aisément l'image de leur jeunesse géologique. C'est ainsi qu'il arrive à faire abstraction de l'érosion, qui seule rend les chaînes de plissement plus ou moins arrondies, émoussées ou aplanies, suivant que, ces chaînes étant plus ou moins anciennes, elle a eu plus ou moins de temps pour agir et les Himalaya ou les Caucase se redressent pour lui, dans les régions polaires, tels qu'ils ont dû exister aux époques primitives de la Terre.

J'ajouterai seulement quelques mots sur chacune de ces subdivisions, pour en bien marquer le caractère.

1° FAÎTES PRIMITIFS. — A l'origine, nous voyons, autour du pôle Nord, les quatre grands massifs précambriens placés presque symétriquement, avec une disposition en pétales de fleurs qui a dû s'accentuer très notablement par les effondrements tertiaires à direction méridienne si caractérisée, mais dont certains traits, à peu près Nord-Sud, sont pourtant plus anciens que le tertiaire, comme les plis calédoniens entre l'Amérique et le Groënland ou à l'Ouest de la Scandinavie et le pli hercynien de l'Oural.

Ces massifs polaires affectent une certaine allure d'ensemble, en triangle sphérique, que les ondes concentriques hercynienne et tertiaire, venues postérieurement, accusent encore mieux.

D'un côté, une des bases est parallèle au littoral

Pacifique, vers lequel les ondulations paraissent, de tous côtés et de tous temps, s'être propagées librement, soit en Asie, soit en Amérique, entraînant ce parallélisme des rides montagneuses et des côtes, qui est la caractéristique fondamentale de cette forme d'océans, à laquelle on donne le nom de type pacifique. Le surgissement des dernières rides, le long du rivage actuel, en haute saillie montagneuse, pourrait laisser supposer l'existence d'un massif ou môle pacifique, aujourd'hui recouvert par les eaux.

Les deux autres côtés sont : l'un, parallèle à la longueur de l'Asie et perpendiculaire à l'Oural ; le dernier, perpendiculaire à l'axe de l'Atlantique.

Dans ces deux derniers sens, la propagation du mouvement a été loin de se faire aussi librement et on en voit aussitôt la raison en constatant l'existence beaucoup plus proche (surtout pour l'Europe) de trois autres môles primitifs, en Afrique, dans l'Inde et en Amérique du Sud, auxquels doivent s'en ajouter d'autres, seulement soupçonnés, à l'Est de la Chine.

L'ensemble du *massif arctique précambrien* apparaît divisé en quatre tronçons, séparés par des fosses d'effondrement (à axe méridien parfois plissé), qui ont pu être déjà indiquées anciennement : celle à l'Ouest de la Norvège, au moins à l'époque silurienne ; celle de l'Oural, à l'époque carbonifère ; celle entre le Groënland et l'Amérique, peut-être également dès le silurien ; les autres seulement à l'époque tertiaire. Ces quatre massifs de terrains archéens plissés et cristallisés représentent l'ossature primitive de la Terre, des plate-formes solides, qui ont pu être recouvertes par la mer, comme le sont encore certaines de leurs zones plus basses, mais qui n'ont plus subi de plissement depuis les périodes tout à fait primitives de l'histoire géologique : en sorte que les sédiments, déposés à une époque quelconque sur eux par les transgressions marines, y sont restés horizontaux et y ont subi, à l'état de tables horizontales, les érosions, par l'effet desquelles ils se sont démantelés et ont souvent disparu. Cette disposition des terrains en strates horizontales est un trait tout à fait caractéristique de la plupart des paysages polaires dans la zone boréale.

C'est là que se trouvent notamment les deux massifs du Canada et de la Scandinavie avec la Finlande, que l'on désigne d'ordinaire, avec M. Suess, sous le nom de « boucliers » et dont cet éminent géologue a signalé la remarquable symétrie par rapport à l'axe de rupture, jalonné par des events volcaniques, qui, des régions polaires à Jean Mayen, à l'Islande, aux Açores, au Cap Vert et à Sainte-Hélène, suit la longueur de l'Océan Atlantique.

2° CHAINE HERCYNIENNE (CARBONIFÈRE). — La chaîne hercynienne d'Europe, que l'on a appelée aussi armoricaine et varisque, est une chaine alpine antérieure aux Alpes et plus septentrionale, qui, à l'époque carbonifère, s'est dressée de Séville à Clermont-Ferrand, Rennes, Nancy, Prague, Breslau, Odessa, puis, suivant l'Oural, jusqu'à l'Océan Glacial. Dans les autres parties du monde, on retrouve la trace très nette de mouvements contemporains, que l'on peut appeler, par extension, du même nom.

En Europe, où l'on a étudié cette chaine avec un soin particulier, elle comprend surtout, à titre de domaine propre ayant échappé aux plissements successifs de l'époque tertiaire, la Meseta espagnole, la Bretagne, le Plateau Central, les Vosges, la Forêt Noire, la Bohème; mais sa zone d'extension a embrassé en outre, plus au Sud, une grande partie de la région sur laquelle se sont plus tard superposés à elle les plissements tertiaires (Pyrénées, Alpes, etc.). Plus loin vers l'Est, l'Oural est une chaine à peu près de même âge et l'on peut suivre les plis hercyniens à travers l'Asie dans toute l'immense zone qui va de l'Altaï russe à l'Himalaya, et du Nan-Shan à la

Birmanie, c'est-à-dire dans ce que M. Suess a appelé l'Altaï et les Altaïdes.

Enfin, dans l'Amérique du Nord, on retrouve des plissements à peu près contemporains formant une ceinture méridionale au Bouclier Canadien, qui joue le rôle de faîte primitif; ils se courbent entre celui-ci au Nord et le môle brésilien au Sud, dans la zone, qui, devenue plus étroite avec le temps, a provoqué l'incurvation tertiaire des Antilles, si analogue à celle des Carpathes.

3° Chaine Alp-Himalayenne. — La chaîne alpine ne comprenait, dans les idées des anciens géographes, que les Alpes proprement dites. Depuis les vastes synthèses de M. Suess, le sens géologique de la chaîne alpine s'est énormément étendu. J'ai proposé ailleurs, en adoptant le nom alp-himalayenne, de lui donner encore plus d'extension qu'on ne le fait d'habitude et d'y comprendre tous les plissements d'âge tertiaire, qui, à travers l'Europe, le Nord de l'Afrique et l'Asie, ou même l'Amérique, se relient de proche en proche les uns aux autres et ne font qu'un grand ensemble à peu près synchronique : c'est-à-dire toutes les hautes saillies montagneuses récentes de l'écorce terrestre, que l'érosion n'a pas eu encore le temps de détruire, comme elle l'a fait pour les montagnes plus anciennes, ignorées du topographe et retrouvées seulement, à l'état de ruines enfouies, par le géologue. Notre chaîne Alp-Himalayenne embrasse la Cordillère Bétique, les Pyrénées, les Alpes et le Jura, les Carpathes, les Balkans, les Apennins, l'Atlas, puis le Caucase et l'Himalaya. Elle renferme d'ailleurs, en réalité, au moins trois rides successives : 1° les Pyrénées, les chaînes sub-alpines et les Carpathes; 2° les Alpes proprement dites avec la Cordillère Bétique; 3° les Alpes Illyriennes (ou Dinarides), les Alpes du Bergamasque, l'Apennin et une partie de l'Atlas.

La simple énumération précédente est particulièment propre à montrer la complication d'une chaîne montagneuse, telle que nous l'entendons désormais. On le voit aussitôt, celle-ci se compose, non pas suivant les idées trop simplistes qui ont prévalu autrefois, d'éléments rectilignes continus, ayant chacun leur âge précis, ni même d'une longue traînée onduleuse avec des rameaux divergents, mais d'une série de vagues parallèles, aux inflexions sinueuses, qui, mises en marche à des époques différentes et inégalement affectées par les obstacles antérieurs sur leur parcours, se sont propagées, les unes après les autres, dans le même sens et qui, tantôt se confondent, tantôt se substituent les unes aux autres, ou même se compliquent de flots revenus en arrière, après avoir buté contre un môle solide. L'aspect de la mer au voisinage d'une côte, si quelque phénomène venait à la fixer dans une de ses positions instantanées, donnerait une image grossière d'un tel soulèvement, avec cette différence toutefois que les terrains sédimentaires, malgré leur flexibilité extraordinaire et leur souplesse dans les plissements, ont nécessairement dû subir des ruptures par plans, auxquelles un liquide ne se prête pas.

C'est au milieu de ces vagues déjà sinueuses que les massifs antérieurement consolidés et remontant pour la plupart à la phase hercynienne sont venus jouer ce rôle d'écueils que j'ai déjà signalé tout à l'heure et provoquer, dans les plissements, des inflexions, qu'on a d'abord quelque peine à comprendre. Ainsi les Carpathes ont passé, en se déversant, par-dessus toute la chaîne hercynienne des Sudètes, pour aller buter contre le plateau primitif de la Plate-forme russe, repoussés ce semble en arrière par un noyau solide, dont le massif d'Agram fait partie. Les Balkans ont été séparés de la chaîne du Pinde par le noyau cristallin du Rhodope et de la Macédoine et refoulés par celui-ci contre un soubassement ancien masqué par les alluvions de la plaine roumaine; dans ce mouvement on peut admettre qu'ils ont exercé à leur tour un refoulement indirect sur les Carpathes, dont la courbe, rattachée à celle des Balkans par les Alpes de Transylvanie, a fini

par dessiner un curieux S renversé. La courbe
des Apennins et de la Sicile est motivée de même
par un massif, plus tard effondré sous la mer
Tyrrhénienne, mais dont il reste assez de débris
épars pour permettre de le reconstituer par la
pensée.

CHAPITRE VI

L'histoire de la structure terrestre.
Les récurrences.

1° L'histoire d'une chaîne montagneuse. La formation du géosynclinal. La période de plissement, la période de destruction. Les conséquences pour la sédimentation, la pétrographie et la métallogénie.

2° L'histoire d'un massif volcanique. Roches profondes et superficielles.

3° L'histoire d'une mer. Cas du Pacifique, de l'Atlantique et de la Méditerranée. Possibilités de mouvements rythmiques. Transgressions et régressions.

Ainsi que je l'ai annoncé déjà, nous allons, dans ce chapitre, laisser de côté tout ce qui est évolution de la structure terrestre et, par conséquent, tout ce qui différencie les unes des autres les périodes successives de son histoire pour envisager, au contraire, ce qui leur est commun et raconter, en les systématisant, des séries d'événements qui ont probablement dû se reproduire maintes fois dans le même ordre à des époques très différentes. Les phénomènes actuels sont ici plus que jamais notre guide, puisqu'il s'agit, non pas d'incidents exceptionnels dans l'histoire de la Terre, mais de faits sans cesse répétés et, par conséquent, susceptibles de se reproduire encore aujourd'hui même sous nos yeux.

Parmi les traits qui caractérisent la structure terrestre, nous allons choisir les plus marquants, une chaîne montagneuse, un volcan, une mer, et essayer d'écrire leur histoire, qui a des chances pour avoir été toujours à peu près la même dans ses grandes lignes, quels que fussent la chaîne montagneuse, le volcan et la mer. Les très grandes différences apparentes, qui séparent l'une de l'autre deux montagnes, deux volcans, deux anciennes mers des temps géologiques, tiennent surtout (et c'est un point que je vais m'efforcer de mettre en lumière) à ce qu'on les considère dans deux phases distinctes de leur vie. Chacun d'eux a, comme un être organisé, une certaine durée d'existence et, dans un cas, nous voyons, sans nous en douter d'abord, un enfant, ailleurs un adulte, un vieillard, ou même un mort.

1° L'histoire d'une chaîne montagneuse. — Les grandes saillies montagneuses du globe ont paru longtemps, quand on n'avait pas de notions géologiques précises, les régions les plus vieilles et les plus solides du globe ; on les assimilait volontiers à son ossature, à son squelette, dont les plaines auraient formé l'enveloppe de chair. La vérité est que les hautes montagnes sont toutes des éléments très récents et très précaires dans la structure terrestre; elles correspondent à des zones fragiles de l'écorce et ne sont hautes que parce qu'elles n'ont pas encore été usées; il n'y a pas bien longtemps que la mer passait sur l'emplacement des Alpes, des Pyrénées et du Caucase; c'est même, comme nous allons le voir, par le creusement d'une fosse allongée, d'une longue dépression qualifiée de géosynclinal, que l'on peut faire commencer l'histoire d'une chaine montagneuse. Ailleurs, où il existe aussi des montagnes plus anciennes, telles que celles dont nous avons suivi l'évolution dans le chapitre précédent, ces montagnes, parce qu'elles sont plus vieilles, se montrent à nous plus érodées; le géographe les méconnalt et les prend pour des plateaux; en passant au-dessus, le profane ne les distingue pas plus qu'il n'aperçoit les ruines enfouies d'une ville détruite; il faut être géologue pour s'apercevoir que les plateaux de la Bretagne, du Limousin, de la Bohême, de la Finlande, etc., correspondent à des montagnes, aujourd'hui entamées et détruites jusqu'à la base, qui, jadis, eurent sans doute une altitude comparable à celle de nos Alpes, avec des formes aussi accidentées et de semblables glaciers. Nous ferons

tout à l'heure une observation du même genre à
propos des manifestations éruptives, dont l'appareil
superficiel, qui, pour nous, forme le volcan, n'est
qu'une fraction infime, visible seulement quand ce
volcan est très récent, tandis que, partout où ce
centre éruptif est plus ancien, son existence se
traduit seulement au jour par des types de roches
accusant des cristallisations profondes.

Quand on veut reconstituer l'histoire d'une
chaîne montagneuse, il faut, en résumé, remonter
d'abord à l'époque plus ou moins ancienne où
s'est créé, sur son emplacement actuel, un fuseau
affaibli, bientôt marqué par l'enfoncement de ce
que l'on appelle un géosynclinal, puis raconter la
formation des plis, qui, avec quelques noyaux cristallins, subsistant comme témoins d'une époque
antérieure, caractérisent géologiquement nos montagnes, ensuite expliquer leur mise à jour, enfin
décrire la période de destruction de la chaîne, qui
a pu, dans certains cas, se compliquer de plissements nouveaux, reproduits à peu près sur l'emplacement des précédents et, par conséquent, d'un
recul momentané dans la phase d'érosion. Les
diverses chaînes montagneuses d'âge plus ou moins
ancien, que présente le globe, nous offrent côte à
côte, à la condition d'admettre le principe de récurrence, objet de ce chapitre, des tableaux simultanés, qu'il suffit, pour établir notre récit, de supposer successifs.

La première de ces phases, très lente et très progressive (à laquelle nous assistons peut-être sans nous en douter quelque part, dans la Méditerranée par exemple), est la période préparatoire du géosynclinal, ou de la zone affaiblie destinée à subir tous les mouvements ultérieurs. Contrairement à toutes les apparences vulgaires, la saillie débute, en effet, par un trou.

Quelle est l'origine de ce géosynclinal; on l'a parfois supposée tout à fait accidentelle. Dans la théorie de l'isostase due à J. D. Dana, la moindre fosse déprimée, par le fait même qu'il s'y accumule des sédiments qui relèvent en profondeur les isogéothermes, a tendance à s'approfondir, dès que cette élévation de température suffit à amener un ramollissement des roches. Alors le phénomène s'accentue de plus en plus par son propre effet, puisque chaque infléchissement du fond provoque un nouvel apport de sédiments, donc un accroissement de la température profonde et un infléchissement nouveau. C'est ainsi que l'on explique assez logiquement l'accumulation des sédiments en épaisseurs extraordinaires suivant certaines fosses déprimées, dont la profondeur, si elle avait été atteinte d'un seul coup, étonnerait déjà par elle-même et où surtout n'auraient pu s'accumuler alors les catégories de matériaux détritiques, avec les inclinaisons croissantes vers la profondeur qu'on y observe.

L'existence d'anciens géosynclinaux sur la place des chaînes montagneuses résulte nettement du caractère et de l'épaisseur des sédiments qui s'y sont accumulés et l'idée de leur enfoncement progressif, quelle qu'en soit la cause, est à peu près nécessitée par les faits d'observation ; mais, comme dans la plupart de ces questions générales, je ne crois pas qu'on puisse se contenter ici d'une simple explication locale et le point de départ du géosynclinal, qui a dû, dès le début, être une fosse déprimée longue et profonde, me semble à chercher dans la contraction de l'écorce, que nous avons déjà invoquée pour l'ensemble des phénomènes : contraction, dont l'effet direct a dû ensuite contribuer à l'approfondir. La place du géosynclinal a donc dû se trouver préparée par la zone faible intermédiaire entre deux massifs solides de l'écorce, qui, plus tard, ont, par compression latérale, resserré cette zone flexible intermédiaire et, par conséquent, agi dans le même sens que l'infléchissement du fond, pouvant résulter accessoirement de l'isostase.

Ce trait d'union plus flexible des deux massifs solides a, d'ailleurs, pu résulter, soit des conditions réalisées par les plissements antérieurs, qui auront porté les magmas ignés en fusion et le travail de consolidation connexe sur certaines zones plutôt que sur d'autres, soit encore d'une rupture verticale, d'un effondrement linéaire, comme celui qui, actuellement, traverse l'est de l'Afrique, sous le nom d'axe érythréen. Un tel alignement, aujourd'hui manifesté par des fosses effondrées et des évents volcaniques, peut très bien marquer l'origine d'un plissement futur [1], et il est possible, en conséquence, — avec la tendance de notre globe à se morceler par éclatement suivant des méridiens, après s'être plissé longtemps suivant des parallèles, — que les grandes chaînes montagneuses de l'avenir soient Nord-Sud (suivant l'axe de l'Atlantique, de la mer Rouge et des grands lacs africains, etc.), au lieu d'être, en moyenne, comme les chaînes anciennes de l'Europe et de l'Asie, parallèles à l'équateur.

Quoi qu'il en soit, le géosynclinal paraît avoir souvent commencé par un sillon marin peu profond et relativement étroit, dans l'axe duquel se sont déposés tranquillement des sédiments vaseux, qui impliquent au plus quelques cents mètres de profondeur, avec formations littorales, parfois coralligènes sur les bords. Puis ce synclinal s'est enfoncé sous l'action des diverses forces que je viens d'analyser : compression latérale par la contraction et isostase. On a supposé, dans le cas des Alpes, qu'il avait dû s'approfondir très vite, à peu près aussi vite qu'il se comblait ; car on trouve parfois, sur plus de 1.000 mètres, sans changement, des dé-

---

1. Il est à noter cependant que la fréquence des mouvements sismiques n'y accuse pas une instabilité spéciale.

pôts identiques et à faune semblable, montrant
que les mêmes conditions lithologiques et zoologiques s'étaient perpétuées pendant tout ce temps

Cet enfoncement, accompagné d'une sédimenta,
tion très active, n'est, en quelque sorte, que la
phase préliminaire du soulèvement et celui-ci
commence quand, dans ce géosynclinal, les mêmes
forces arrivent à déterminer le surgissement de
plis entraînant, comme corollaire, un recul des
eaux. Alors se produit, ainsi que nous allons le voir,
dans ces épaisseurs de sédiments qui remplissent
le géosynclinal et sans doute aussi dans leur soubassement ramené à l'état de fusion par le relèvement
des isogéothermes, un travail de plissement qui,
tout en se manifestant (au moins au début) à la
surface, semble avoir été en grande partie profond
(sans dépasser pourtant une certaine profondeur
dans l'écorce) et que seul le progrès de l'érosion
a donc, plus tard, entièrement mis au jour.

Dans cette période décisive où le plissement
s'est effectué, un effort de contraction, à intensité
nécessairement variable suivant les moments et
réalisé entre deux mâchoires, deux pinces d'étau,
dont, comme je l'ai déjà fait remarquer, ni la hauteur
absolue ni la vitesse de déplacement ne pouvaient
être exactement les mêmes, a dû produire, suivant
ces circonstances variables, les cas très complexes
observés dans les chaînes montagneuses.

En principe, le déplacement de ces grands voussoirs solides, que nous supposons, par une image grossière, reliés au moyen de bandes flexibles, doit, en effet, déterminer, tantôt une compression, tantôt une décompression de celles-ci. Si nous imaginons, comme nous l'avons fait tout à l'heure, que la zone faible s'affaisse en géosynclinal, la compression latérale des deux voussoirs se rapprochant doit avoir, d'abord, pour effet de creuser le synclinal en le resserrant; une décompression, s'ils viennent à s'écarter momentanément, peut alors diminuer sa profondeur en l'élargissant. Ces alternatives de compression et de décompression, (les premières plus habituelles, les secondes plus rares) ont déjà par elles-mêmes pu entraîner quelque complexité.

Mais surtout il semble bien qu'à un moment donné la descente du fond ait dû être arrêtée par des obstacles; le synclinal se trouve alors divisé par une première ride centrale ou « géanticlinal », puis par une série de rides, qui commencent à surgir et, se détruisant à mesure dans leur partie haute encore instable, font tomber des sédiments grossiers dans les synclinaux secondaires.

Pendant cette période, on constate, par les facies des dépôts marins conservés le long de la chaîne, une indépendance, une individualité des divers synclinaux, qui gardent le même facies sur leur longueur, tandis que ce facies se modifie sans cesse lorqu'on recoupe la chaine transversalement et l'on a ainsi la preuve que le phénomène de plissement a eu tout au moins son contre-coup à la superficie.

Puïs, la compression interne s'accentuant, sous les premiers plis formés, il a dû se produire en profondeur des plis, de plus en plus compliqués. de plus en plus nombreux, forcés, par les obstacles qu'ils rencontraient au-dessus d'eux, à toutes les ondulations, à tous les renversements et charriages étudiés par la tectonique.

A mesure que le mouvement se prolongeait et gagnait en intensité, on peut le considérer comme ayant pris une forme de plus en plus nettement profonde, en se trahissant seulement à la surface par des bosses ou bourrelets, qui, tout en surgissant sans doute peu à peu en une ou plusieurs rides parallèles, ne devaient guère cependant laisser soupçonner toute la multiplicité des actions internes, aujourd'hui mises à nu par le démantèlement postérieur dû aux érosions.

Enfin, à un instant quelconque, qui pour nous représente plus ou moins justement une sorte de paroxysme, mais que l'on place parfois tout au début des plissements proprement dits, la vitesse inégale des deux compressions a dû se manifester sous une forme particulièrement caractéristique, en arrivant à pousser une partie de l'Arrière-Pays par-dessus la zone où se trouve aujourd'hui la chaîne plissée, déversant tous les plis de celle-ci dans le même sens et en charriant même des lambeaux arrachés à des distances de 50 ou 100 kilomètres.

Par ce simple exposé rudimentaire, on croit donc comprendre comment (ce qui est, non plus une hypothèse, mais un fait d'observation), le soulèvement d'une chaîne montagneuse débute, en principe, par le creusement du géosynclinal, dont cette chaîne doit prendre la place, se traduit lui-même par un retrait des eaux marines dans ce géosynclinal où la remontée des terrains se produit et peut être suivi par une transgression inverse des eaux dans le même sillon, s'il s'est produit un nouvel affaissement.

On s'explique également pourquoi la période de compression, qui se manifeste par le soulèvement de plis montagneux et une régression dans le géosynclinal correspondant, amène, en même temps, sur les continents voisins, une transgression des eaux chassées de ce synclinal.

Ainsi se trouve accusée, entre la tectonique, et les mouvements des mers, une relation qui, pour ne pas être aussi constante, aussi immédiate et surtout aussi nécessaire qu'on l'a supposé parfois, n'en a pas moins toutes raisons pour exister.

Enfin on remarquera que, par suite de son déversement sur l'Avant-Pays au-dessous d'une surcharge pesante, la partie plissée, qui constitue à proprement parler la chaîne, nous apparait limitée **verticalement** dans les deux sens, en haut comme en **bas**, d'une façon restreinte. En haut, elle a été d'abord couverte par des terrains que l'érosion a seule détruits plus tard ; en bas, elle a dû se terminer, même dans la zone de ses « racines », à une ligne de compression maxima voisine du jour, zone au-dessous de laquelle les plis, s'ils existent, doivent être entassés les uns contre les autres et régularisés, pour se réduire peut-être, plus bas encore, après s'être simplifiés de plus en plus, à une simple ligne de rupture. Il en résulte donc que la chaîne montagneuse, d'aspect si frappant à la surface, nous apparaît en somme comme étroitement localisée quant à cette hauteur verticale qui est son trait le plus marquant, de même qu'elle est certainement très éphémère et, d'autre part, nous sommes amenés à supposer que ces géants ont commencé par se produire en profondeur pour ne prendre au jour leur saillie actuelle que par une circonstance accidentelle et tenant à l'érosion, lorsque les plissements, dont ils portent l'empreinte grandiose, étaient déjà terminés. Les montagnes ont eu une existence géologique avant de prendre une existence géographique.

Ce caractère de formation relativement profonde, que les tectoniciens attribuent aujourd'hui en général aux plissements montagneux, a même conduit à se demander si, lorsque les montagnes se sont plissées, elles présentaient déjà, comme je l'ai admis tout à l'heure, un bourrelet réellement saillant, dont les plis étaient recouverts par un manteau de terrains plus tard disparus, ou si leur altitude a été produite, d'une façon toute relative, par l'affaissement postérieur des régions contiguës. C'est une question que l'on s'est posée aussi pour ces massifs de terrains anciens appelés les piliers ou horsts et certains géologues ont éprouvé de la répugnance à admettre, dans un cas comme dans l'autre, un soulèvement absolu, dont l'origine peut cependant se trouver assez facilement, sans faire intervenir aucune force interne mystérieuse, dans la seule compression latérale exercée sur les deux faces d'un coin. Il semble, en somme, que, dans un tel phénomène, où, presque certainement, le point de départ est la contraction interne et, par suite, la descente inégale de voussoirs entraînés par la gravité, la distinction entre le soulèvement absolu et le soulèvement relatif soit un peu théorique. Cependant je croirais plus volontiers, suivant l'hypothèse énoncée tout à l'heure dans notre récit, qu'il a bien dû se produire un bourrelet saillant, plus tard démantelé, déchiqueté par une érosion intense, à laquelle sa saillie même donnait toutes facilités et peut-être, quoique le fait soit extrêmement discuté, accompagné de véritables effondrements latéraux. Il y aurait vraiment quelque hardiesse à admettre, sans en avoir la preuve, que l'Himalaya s'est préparé tout entier dans le sous-sol comme un décor de théâtre, en plissant profondément des terrains déposés au préalable à la surface (puisque ce sont des terrains marins) et descendus dans le géosynclinal, pour remonter ensuite par une trappe quand leur machination aurait été terminée.

Pour conclure, si l'on fait une coupe verticale, l'allure de la chaîne plissée se traduit, dans la profondeur, par un serrage des plis, qui les régularise et leur donne l'aspect rayé caractéristique de la zone armoricaine, tandis que, plus haut, la gerbe s'épanouit et se déverse en éventail des deux parts (plus dans le sens de l'Avant-Pays), et que, plus haut encore, il s'est peut-être produit des bouleversements superficiels, aussitôt enlevés par l'érosion, dont, par suite, nous n'avons nulle part la confirmation expérimentale.

En plan, la forme de la chaîne plissée présente, d'autre part, les sinuosités, amenées par la présence des massifs anciens, sur lesquelles j'ai déjà insisté précédemment et les variations de hauteur en forme de ventres et de nœuds que l'on peut attendre d'un tel phénomène, ayant pour conséquence ultérieure la division en massifs indépendants qui est la caractéristique d'une chaîne déjà ancienne comme la chaîne hercynienne. Cette chaîne plissée ondule, se courbe en U ou en S, s'insinue, serpente entre les massifs anciens, les contourne, se bifurque, puis réunit ses plis divergents ; parfois un pli succède à un autre, il y a, comme on dit, « relaiement ». Enfin, quand on approche des extrémités, au point où les mâchoires se desserrent, on observe quelque chose d'analogue dans l'espace, à ce qui a dû se passer dans le temps, au début du plissement, quand la compression n'avait pas encore pris d'intensité : le nombre des plis diminue peu à peu, les divers chaînons disparaissent l'un après l'autre par extinction, jusqu'à ce qu'il reste seulement un dernier pli anticlinal.

C'est sur la chaîne ainsi préparée que le travail de l'érosion a commencé aussitôt, comme nous le verrons bientôt, à se faire sentir, agissant déjà, pendant le plissement même, pour démolir les saillies encore instables à mesure qu'elles tendaient à se produire et en faire tomber les sédiments grossiers dans les synclinaux secondaires, mais naturellement d'autant plus accentué que cette saillie a été plus forte. On a dû arriver ainsi très vite à la période dont les Alpes actuelles, ou, encore plus, les Alpes telles que nous pouvons les imaginer à l'époque pliocène, doivent offrir le tableau, et sur laquelle on peut donc raisonner d'après elles : période, où le couvercle de charriage a en grande partie disparu, tout au moins dans l'axe de la chaîne et où les plissements mis au jour ont déterminé, par leurs éboulements faciles, par le déchiquetage de leur érosion, les saillies accidentées, les pointes, les récifs que recherchent les alpinistes. A cette période correspondent aujourd'hui, et paraissent avoir correspondu également pour les phases de plissement plus anciennes, des manifestations glaciaires, suivies de grandes débâcles torrentielles, qui comportent des ravinements intenses, un progrès rapide des cours d'eau vers leur profil d'équilibre, d'énormes apports sédimentaires vers les plaines voisines et le comblement des dépressions accidentelles situées au voisinage de la zone saillante.

Mais, en outre de cette érosion superficielle, qui va nous occuper tout à l'heure, il faut noter, dans la chaîne déjà plissée et mise au jour, la continuation possible des mouvements orogéniques, par lesquels elle a été amenée à surgir.

Quand on étudie, en effet, dans sa forme actuelle, une de nos grandes chaînes montagneuses, on arrive de toutes façons à l'idée qu'elle représente une zone, aujourd'hui encore peu stable, de l'écorce terrestre.

C'est, d'abord, la constatation directe des tremblements de terre, qui affectent souvent avec une intensité spéciale de semblables chaînes plissées, indépendamment de tout volcanisme. De nombreux mouvements sismiques semblent, d'après les dernières recherches, être produits par une brusque dénivellation verticale qui se manifeste peu à la surface. On a pu se demander si, dans les chaînes récentes comme les Alpes, les petites secousses très nombreuses enregistrées par les sismographes ne correspondraient pas à une continuation profonde des accidents mécaniques.

D'autre part, on a quelquefois constaté près des montagnes, par exemple pour l'Himalaya et le Caucase, des variations singulières de la gravité, qui, sans avoir nullement la généralité qu'on leur a parfois attribuée et tout en s'expliquant peut-être avant tout par des accidents de fractures tectoniques, correspondent à un déficit de matière au-dessous de ces montagnes.

M. Suess avait rattaché à ces phénomènes et placé à ce moment, dans la vie de la chaîne montagneuse, une période importante de tassement avec grands effondrements, sur le rôle et l'existence même de laquelle on a beaucoup discuté.

Indépendamment de toute théorie, il suffit de regarder une carte géographique actuelle pour constater que, dans la phase de leur existence atteinte par nos grandes chaînes montagneuses depuis le pliocène jusqu'à nos jours, elles sont, pour une cause ou pour une autre, suivies par des lignes de fracture et des fosses effondrées, par des zones d'affaiblissement, le long desquelles s'alignent les évents volcaniques. Le volcanisme n'est pas d'ordinaire un accident de la chaîne plissée elle-même, quoique le cas se produise dans les Andes (et on le comprend puisque les plis supposent une compression interne, plutôt que l'ouverture d'une fissure béante pour les épanchements volca-niques); mais il l'accompagne latéralement. On ne saurait donc oublier, dans l'histoire de ces chaînes, l'intervention de ces matières fondues ou refondues, provenant des parties internes du globe ou seule-ment de zones presque superficielles sur les-quelles aurait opéré le réchauffement, et dont les montées par des fractures, les épanchements superficiels en coulées de laves, enfin les fume-rolles métallisantes constituent les phénomènes étudiés en pétrographie et en métallogénie. C'est un point, sur lequel nous allons revenir en étu-diant bientôt l'histoire d'une zone volcanique.

Quand, au lieu d'envisager les chaînes d'âge tertiaire, nous repassons l'histoire d'une chaîne géologique antérieure, par exemple de la chaîne hercynienne, nous y observons la trace de manife-tations toutes semblables et correspondant à la même période, qui se retrouvent également dans les chaînes plus anciennes encore et présentent, dès lors, un caractère de généralité.

De ce côté également, nous arrivons donc à l'idée que, lorsque la chaîne a surgi et a été mise au jour, le travail interne n'est point terminé et ne fait pas exclusivement place à l'œuvre de destruction, de nivellement extérieur; l'instabilité de l'écorce, qui a provoqué la formation montagneuse, survit à son apparition, continuant à déterminer des tassements ou des ruptures.

Et, d'ailleurs, l'histoire géologique nous apprend directement que les anciennes zones plissées du globe ont souvent, quand elles ne s'étaient pas trouvées consolidées par le métamorphisme et les injections de roches ignées, subi ultérieurement l'effet de plissements nouveaux. C'est la continuation toute naturelle des mouvements qui ont formé la première chaîne et qui tenaient, répétons-le, à une fragilité spéciale, dont le retentissement ultérieur ne saurait nous surprendre.

Sans insister sur cette possibilité de plissements successifs au même point[1], il nous reste, pour

----

1. Il n'est guère de région géologique qui ne manifeste au moins la trace de deux plissements semblables. Dans toute l'Europe centrale, les principaux mouvements en jeu, auxquels se rattachent tous les phénomènes de la tectonique, de la pétrographie, de la métallogénie, sont ceux des phases carbonifère (hercynienne) et tertiaire (alpine).

terminer l'histoire d'une chaîne montagneuse, à examiner (ce que nous pourrons faire avec des facilités particulières pour la chaîne hercynienne) les conditions dans lesquelles s'accomplit l'œuvre de destruction et d'érosion, dont nous avons déjà vu le début.

Ce travail, qui a pour effet direct des transports de sédiments détritiques à éléments plus ou moins grossiers, peut être étudié sur les accumulations de ces sédiments, dont les couches, superposées les unes aux autres, racontent chacune, comme les feuillets d'un livre, une étape de cette histoire.

Au début, pendant la période de plissement même, nous voyons de nombreux indices d'une phase troublée, où la montagne semble se démolir progressivement très vite, en même temps qu'elle se forme et où des sédiments très grossiers, très hétérogènes, peu roulés, mal arrondis, parfois de grandes dimensions, s'effondrent plutôt qu'ils ne sont apportés dans des bassins latéraux, dont le fond peut, en même temps, s'approfondir. Que la montagne surgisse réellement ou que les plaines voisines s'affaissent, il y a, pendant cette période, tendance à l'accentuation progressive du relief par les mouvements internes, entraînant la tendance à la destruction immédiate par les actions superficielles. Mais la mer n'est pas encore nécessairement chassée partout de la zone géosynclinale et l'on peut, auprès des sédiments troublés fluviatils, lacustres ou glaciaires, rencontrer (comme c'est le cas pour les terrains appelés dinantiens du Plateau Central) des lagunes marines fossilifères ou même des récifs coralliens.

Quand nous observons, le long d'une ancienne chaîne plissée, les dépôts correspondant à cette première phase, nous y trouvons des accumulations de produits grossiers, conglomérats et grès mal roulés, auxquels se mêlent parfois des projections de cendres volcaniques et des épanchements de laves. Nous constatons, en même temps, que de nombreux lacs existaient dans les aspérités de la chaîne encore inégale et pouvaient recevoir des accumulations de végétaux, formant de premières couches de combustibles. Un peu de fer et de phosphore, emprunté aux roches détruites, commence aussi à se reprécipiter, avec ou sans intervention des organismes, à l'état de carbonate ou pyrite de fer et de phosphate de chaux en nodules.

Après quoi, le plissement principal une fois achevé, l'érosion continue son œuvre sous une forme assez analogue au début, mais qui peu à peu se tranquillise.

Le couvercle, sous lequel on a supposé que les plis s'étaient formés, est d'abord en grande partie détruit ; les couches violemment plissées, qui existaient au-dessous et qui maintenant apparaissent, facilitent l'érosion par leur irrégularité d'allure ; la nature travaille, en quelque sorte, à rétablir l'équilibre détruit, à remettre de l'ordre, à reclasser méthodiquement tous les matériaux, qui ont été soulevés en l'air, ou charriés pêle-mêle. Et elle le fait, grâce à l'action intense de ses eaux courantes, de ses eaux agissant par la force de leur congélation, de ses eaux chargées de principes chimiques, par la gravité, par les alternatives de chaleur et de froid, par le vent, etc..., ainsi que nous le voyons aujourd'hui dans la fin d'une telle phase calme : c'est-à-dire que l'érosion commence, — avec une intensité, dont on ne se rend pas, en général, un compte assez exact — à aplanir, à niveler les aspérités, les rugosités de la chaine précédente.

Cette érosion opère, pour ainsi dire, par coups de rabot successifs, enlevant d'abord d'énormes copeaux, puis, à mesure que l'aplanissement se réalise, produisant des entailles de plus en plus faibles et mettant ainsi à nu peu à peu des parties, qui se trouvaient d'abord plus profondes, qui traduisent donc, par leurs caractères, cette profondeur originelle. Et cela continue avec la même intensité tant que les pentes ne se sont pas adoucies, tant que l'érosion n'a pas non plus fait saillir les couches profondes, durcies, consolidées par le métamorphisme, comme celles qui forment aujourd'hui une grande partie des zones à aspect cristallin (d'âge en réalité très variable) dans les Alpes.

Pendant tout ce temps, la destruction, souvent accompagnée de phénomènes glaciaires, produit des conglomérats et grès grossiers, analogues à ceux de la période précédente, et accompagnés des mêmes dépôts de végétaux, avec carbonate de fer et phosphate, mais que l'on distingue bientôt, quand l'érosion est assez avancée, par le mélange de plus en plus abondant de fragments éruptifs, empruntés aux filons rocheux, aux intrusions volcaniques, qui se trouvent atteintes par le progrès de la destruction.

A ces débris de roches s'ajoutent également les produits de la démolition des filons métallifères connexes et, spécialement, des pyrites de fer, qui forment toujours la plus grande partie de ces filons. Par la mise en mouvement de ces pyrites dans les eaux, par la dissolution des 7 à 8 $^{\circ}/_{\circ}$ de fer, que contiennent à elles seules les roches mécaniquement pulvérisées et chimiquement attaquées, il se trouve entrer en dissolution de grandes quantités de fer; et ce fer, dans ces eaux torrentueuses, au milieu de ces sédiments grossiers, déposés le plus souvent presque à l'air libre, soumis à des alternances de crues et d'assèchements, se dépose, pour une grande part, à l'état de peroxyde (d'abord peut-être hydraté, puis déshydraté lentement par métamorphisme). Il en résulte, essentiellement, des grès rouges à fragments de roches ignées, ou, dans les parties échappées au contact de l'air, des graviers pyriteux.

Si nous continuons à prendre nos termes de comparaison dans la chaîne hercynienne, c'est la période permienne qui succède à la période dite stéphanienne (ou fin du carbonifère). En même temps, quelques dernières manifestations volcaniques, de plus en plus localisées, peuvent mêler leurs produits à la sédimentation.

Mais, peu à peu, le calme se rétablit, le sol devient plus stable, les aspérités les plus fortes de la chaîne ont été érodées et, le long de sa saillie, en arrière surtout, soit par suite des tassements, soit pour toute autre cause plus générale, telle que le relèvement progressif des eaux marines par les sédiments qui s'y accumulent, la mer commence à revenir.

Une mer, qui envahit ainsi transgressivement un plateau émergé, le fait un peu comme une marée montante, lançant de temps à autre quelque grande vague, suivie d'un certain nombre de plus petites. Ou bien, la continuation des plissements isole une région d'eau salée au centre du pays.

Pour l'une ou l'autre de ces deux causes, il se produit alors, sur toute la longueur de la chaîne, des lagunes précaires, où l'eau saumâtre, ainsi privée de communications avec la mer libre, commence à s'évaporer, en même temps que s'y précipitent plus doucement les produits de la destruction continuée. Cette évaporation peut se faire à intervalles irréguliers, interrompue par quelque crue, qui y ramène. avec de l'eau douce, des produits meubles à sédimenter. Elle n'a pas lieu simultanément sur toute la longueur de la chaîne ; mais les matériaux, qui en résultent, sont toujours les mêmes.

La concentration des eaux saumâtres donne, partout, d'abord, du gypse, puis du sel marin, puis, si elle peut être poussée assez loin, des sels alcalins. Ces sels divers se mêlent avec les argiles et les vases, sédiments ordinaires d'une eau qui se dépose tranquillement. En outre, si la destruction des filons métallifères avait mis en dissolution, dans les eaux, des sulfates métalliques, ces métaux (cuivre, fer, accessoirement nickel, cobalt, zinc, etc., etc.) peuvent se reprécipiter, par une réduction à l'état de sulfures, surtout si des matières organiques, concentrées en même temps, ont chargé les eaux d'hydrocarbures, donnant lieu de leur côté à des schistes bitumineux et capables d'exercer cette action réductrice.

Toujours dans le cas choisi de la chaîne hercynienne, nous passons progressivement des caractères permiens à ceux qui marquent déjà le trias.

Un tel état de choses se prolonge plus ou moins longtemps ; les produits métalliques disparaissent, d'abord, dans les sédiments, sauf à revenir momentanément si quelque phénomène de destruction plus accentué met en mouvement des matériaux nouveaux ; puis la mer progresse calmement sur le sol, qui s'aplanit de plus en plus ; une période de transgression commence et s'étend à mesure que la chaîne se réduit, d'abord à quelques tronçons, puis à des plateaux, puis à une plaine, disparaissant à un degré qu'on s'imagine mal, mais que figure, néanmoins, le contraste entre le Plateau Central, chaîne alpestre carbonifère et nos Alpes actuelles. On entre, alors, dans la véritable période de calme ; sur de vastes régions marines, où les eaux n'apportent plus de sédiments détritiques, les organismes coralliens, profitant du climat tropical, qui a dominé en Europe presque jusqu'au tertiaire, commencent à construire leurs récifs de tous côtés. Au lieu des grès et des conglomérats, au lieu des argiles schisteuses avec gypse et sel, on voit maintenant dominer les calcaires. Toute la chaux, empruntée aux roches de la chaîne détruite (roches qui en contenaient, en moyenne, 3,5 °/₀), était entrée en dissolution ; les organismes vivants la fixent dans les eaux et la reprécipitent.

On a donc, pendant la phase qui, toujours dans le même cas considéré de la chaîne hercynienne, marque les temps secondaires, une série de dépôts, où dominent les calcaires, avec les vases fines des estuaires formant des schistes et, très localement, sur la longueur des plages, quelques dépôts de sables, grès ou conglomérats. Par endroits, sur ces mêmes côtes, les organismes peuvent déterminer des concentrations phosphatées. La période de trouble, qui a marqué la saillie momentanée de la chaîne montagneuse, est finie, du moins pour la région considérée. Un régime tranquille à relief peu mouvementé y détermine une séparation relativement constante en zones continentales émergées, où les dépôts sédimentaires sont alors simplement accusés par quelques produits d'altération et de remaniement superficiel ou par quelques couches lacustres et en zones marines, où la faune permet de reconnaître les parties littorales, les régions de profondeur moyenne et la haute mer.

C'est dans ces phases de calme surtout, où se manifeste une sorte d'intermittence locale pour les contractions internes, que l'on peut penser à des marées déterminées par une cause astronomique en voyant par moment les mers se gonfler progres sivement, envahir de vastes continents aplanis, puis rentrer avec quelque brusquerie dans des fosses plus restreintes. Cependant on ne saurait oublier la possibilité indiquée plus haut que ces « ras de marée » aient pour cause lointaine un mouvement de la surface lointain, fût-ce aux antipodes.

Cette phase de tranquillité peut durer plus ou moins longtemps ; elle est, sans doute, plus longue qu'elle ne le paraît, parce que son histoire, n'étant plus mouvementée par une série de cataclysmes, se déroule paisiblement, sans que nous ayons le moyen d'y établir des divisions Les sédiments mêmes s'y accumulent très lentement, puisqu'il n'y a plus de grande saillie à détruire, de matériaux abondants à transporter par les eaux et à reclasser.

Puis, à un moment donné, quand l'équilibre intérieur s'est de nouveau rompu, la création d'un nouveau géosynclinal, peut-être provoquée par l'ouverture d'une fente verticale ou par un effondrement, entraîne la répétition des mêmes phénomènes. Nous passons de la phase hercynienne à la phase alpine. Une autre chaîne naît et grandit, un peu plus gênée seulement que la précédente par la localisation progressive dont il a été question au chapitre de l'évolution ; une fois arrivée à la maturité, elle vieillit, s'use et disparaît ; c'est un cycle de plus à ajouter à ceux que la Terre elle-même doit accomplir avant d'avoir elle aussi achevé son évolution structurale et d'entrer à son tour dans le repos.

2° L'histoire d'une région volcanique. — L'histoire d'une région volcanique se rattache, par certains côtés, à celle d'une chaîne montagneuse que nous venons d'étudier et, par d'autres également, se relie à celle d'une mer que nous examinerons bientôt : tous les phénomènes de la géologie ayant nécessairement un contre-coup réciproque.

Pour quiconque n'a pas fait une étude générale de la géologie, le phénomène essentiel de l'éruptivité, c'est l'appareil extérieur du volcan lançant des panaches de fumée et des projections de roches pulvérisées par son cratère, épanchant des coulées de lave par les fissures de son cône de cendres. L'éruption semble constituer à elle seule tout le volcanisme. Si l'on regarde les choses d'un peu plus près, on s'aperçoit, au contraire, que cette éruption est une simple crise maladive généralement courte dans une existence, qui, le reste du temps, se poursuit plus calmement en profondeur et que, si l'on supprime par la pensée le cône haut de quelques cents mètres avec son cratère et ses coulées de laves, on laisse néanmoins subsister la presque totalité des manifestations ignées, accusées au dehors par le volcan. Ce volcan extérieur se dresse un moment comme un abcès qui crève, puis disparaît très vite ; mais l'ensemble de réactions internes, dont il représente un épisode critique, se continue après comme avant lui.

On arrive très facilement à cette idée par une considération de profondeur analogue à celle que nous avons déjà invoquée pour les chaînes montagneuses : considération qu'il importe, en général, d'avoir toujours présente à l'esprit quand on envisage un phénomène quelconque de tectonique, de pétrographie, de métallogénie. Le rôle de l'érosion, qui fait apparaître au jour, suivant les régions, des zones ayant occupé jadis des profondeurs plus ou moins grandes dans l'écorce, est absolument capital en géologie et il ne faut jamais oublier, quand on étudie un point de la surperficie quelconque, que ce point, outre son histoire déjà très compliquée résultant des mouvements du sol, outre ses relèvements et ses enfoncements, ses émersions et ses immersions successives, a des chances pour s'être trouvé, dans la dernière phase de l'histoire géologique, après le dépôt des derniers sédiments que l'on y constate, recouvert par des centaines ou des milliers de mètres de terrains aujourd'hui disparus.

Comme une chaîne montagneuse, un centre volcanique a son histoire et cette histoire s'est reproduite par recurrences, pour des zones éruptives d'âges très différents, dans les diverses périodes successives. Il y a donc eu, à l'époque primaire, comme à l'époque secondaire ou à l'époque tertiaire, une activité éruptive semblable à celle-dont nous observons aujourd'hui même quelques traits superficiels et, si les symptômes en paraissent changer d'une époque à l'autre, ce n'est pas tant, comme on l'a cru jadis, par une évolution générale (peut-être cependant elle aussi intervenue) que parce qu'en moyenne les centres volcaniques primaires nous sont manifestés sur des sections horizontales plus profondes et les centres volcaniques tertiaires sur des sections plus hautes. En tenant compte des circonstances exceptionnelles qui ont pu conserver par hasard la partie supérieure d'un volcan primaire dans un quartier de terrains anciens effondré, et qui, précisément, nous permettent alors de faire des rapprochements avec les volcans tertiaires ; en négligeant de même les volcans tertiaires plus fortement érodés, où l'on peut suivre la transition aux cas plus anciens et prenant seulement, pour chaque période, une moyenne, on se trouve donc autorisé à superposer les plans horizontaux de zones éruptives primaire, secondaire et tertiaire pour arriver en fin de compte à imaginer ce qui peut exister en profondeur sous le volcanisme actuel et ce que l'érosion mettra plus tard au jour.

Les transitions observées, les cas exceptionnels, auxquels je faisais allusion tout à l'heure, facilitent cette comparaison et, d'autre part, nous avons, dans l'examen direct des roches cristallisées par fusion, dans l'étude de leur structure, un moyen approximatif d'apprécier leur profondeur de cristallisation : moyen qui, par lui-même, ne doit pas être considéré comme rigoureusement précis, car le type d'une roche implique surtout un ensemble de conditions ordinairement réalisées par la profondeur plutôt que la profondeur elle-même, mais qui, combiné avec les autres moyens de détermination, peut entrer en ligne de compte.

Par tout un ensemble de considérations qui forment l'objet propre de la pétrographie, on arrive à l'idée que la fusion profonde des éléments minéraux, réalisée sur de grandes étendues dans des conditions d'homogénéité et de calme parfaites, avec un équibre complet de température et de pression, détermine la production de roches ayant partout les mêmes minéraux associés en quantité égale, la même structure et à peu près la même composition, dont le granite représente vulgairement le type le plus caractéristique. Les roches, dont la structure rappelle celle du granite avec des degrés de basicité plus ou moins accentués, sont, pour nous, les produits verticalement les plus inférieurs de l'éruptivité.

Dans la formation d'une telle roche, il entre certainement une grande part d'éléments empruntés à des sédiments ou roches antérieures et simplement refondus. La nature, dans ses opérations de métallurgie interne, semble procéder avec économie et réutiliser sans cesse les mêmes éléments.

Un granite a dû se créer sa place au milieu des sédiments qui l'enveloppaient en les absorbant et l'on trouve, en effet, constamment au milieu de lui, surtout quand on approche de sa périphérie, des éléments adventifs, des débris de schistes à peine recristallisés, que l'on peut attribuer à une telle digestion incomplète. Par conséquent, la nature chimique de ces terrains encaissants ne peut manquer d'influer sur la composition du granite lui-même. En outre, il s'est réalisé, dans ces creusets internes où se liquéfiaient simultanément des mélanges d'oxydes métalliques divers, des séparations, des différenciations, des liquations analogues à celles que l'on a tant de peine à éviter dans la fabrication de nos alliages industriels et d'autant plus facilitées ici qu'il intervenait, dans le bain fondu, des éléments gazeux volatils, de la vapeur d'eau et des métalloïdes susceptibles de lui donner de la mobilité. Mais il ne semble pas que, ni une simple refusion, ni une différenciation en vase clos de ces terrains refondus, aient pu suffire pous réaliser nos divers types de roches profondes. Dans les produits d'une simple refusion, il aurait manqué ce qui, en somme, caractérise avant tout les roches cristallines, à savoir les alcalis ; ces alcalis, dans le travail de destruction qui produit les sédiments, sont, en effet, mis en dissolution et finalement vont se perdre dans la mer ; les sédiments n'en contiennent plus guère ; l'activité éruptive paraît donc impliquer un apport interne d'alcalis et elle semble également accuser l'intervention d'éléments volatils adventifs, tels que le chlore, le soufre et le carbone.

Les actualistes à outrance ont voulu échapper à cette conclusion en remarquant que, si les terrains eux-mêmes renferment peu d'alcalis, de chlore et de soufre et seulement localement, les roches cristallines soumises avec eux à la refusion peuvent en fournir ; de même qu'ils ont expliqué cette refusion elle-même par un simple relèvement de la température profonde résultant de la sédimentation superficielle. Mais j'ai déjà dit toutes les raisons générales qui me font croire à un refroidissement progressif de la Terre, déjà manifesté par l'accroissement de température quand on s'enfonce et, dès lors, par l'afflux constant de calories vers la surface et je ne vois donc aucune difficulté à supposer la persistance d'un ou plusieurs foyers internes déterminant des fusions par leur chaleur propre et amenant des montées accidentelles d'éléments ayant pour origine une zone plus profonde, tels que les alcalis les métalloïdes ou surtout les métaux rares. Les énormes masses de roches éruptives cristallisées à toutes les époques de l'histoire, les traînées si continues d'évents volcaniques en activité aujourd'hui même montrent la grande extension, sinon la généralité, de ces foyers ignés internes.

Quand on examine, sur une zone de plissement ancienne et, par conséquent, sur une coupe profonde, la répartition horizontale de ces granites, qui partout ne sont arrivés au jour que par une longue érosion consécutive, on les voit pénétrer dans les plissements des terrains enveloppants ayant jadis formé leur couvercle ou leur manteau, en se localisant de préférence dans leurs voûtes anticlinales. On a donc l'impression d'un magma liquéfié, qui se serait introduit par une pression continue et sans accident violent dans les zones plissées, au fur et à mesure de leur plissement même, en pénétrant surtout dans les saillies et, comme je viens de le dire, en accentuant lui-même, par un effet de dissolution, les vides que le plissement avait pu y produire. Nous placerions volontiers la cristallisation de ces magmas granitiques à la base des chaines plissées elles-mêmes; leur présence au-dessous du géosynclinal originaire semblerait, en effet, toute naturelle, puisque nous avons été conduits par la tectonique à admettre, sous celui-ci, une liquéfaction, une fusion entraînant l'enfoncement du géosynclinal, avec les plissements et les sédimentations correspondants. Ce granite profond a pu, dès lors, contribuer à créer ce que j'appellerai une atmosphère de métamorphisme en déterminant, dans toute la base de la chaîne plissée, par des circulations d'eaux alcalines sous pression, la recristallisation des sédiments, avec les aspects divers auxquels nous attribuons le nom de gneiss, micaschistes, etc., suivant que l'apport alcalin a été plus ou moins prononcé et s'est produit plus ou moins immédiatement sur un sédiment, dont la nature elle-même pouvait varier.

Quand, partant de ces roches profondes, dont le granite représente seulement le type le plus connu, on envisage des roches dont les caractères cristallins impliquent moins d'homogénéité, moins de pression et moins de profondeur, on les voit à a fois se localiser davantage et prendre des caractères plus particuliers. Les masses intrusives de ces roches moins profondes s'isolent en lentilles, en dykes, en filons, s'infiltrent dans des cassures, s'introduisent dans les joints des sédiments; ce ne sont plus, quand il s'agit des roches auxquelles on donne le nom de granulites, microgranulites,

porphyres, porphyrites, etc., ces belles cristallisations tranquilles et homogènes par grandes
masses que nous rencontrions pour le granite, la
syénite, le gabbro, etc., mais des types de plus en
plus analogues à ceux que nous pouvons observer
directement sur les flancs d'un volcan récemment
éteint, quand une tranchée naturelle se trouve y
mettre à jour les cheminées d'ascension, par lesquelles les magmas fondus ont tenté de s'élever
vers la surface. Naturellement, plus on se rapproche ainsi de la superficie et, par conséquent,
plus on peut supposer qu'en moyenne la pression
a dû diminuer, plus une sélection a dû se faire
entre les éléments en fusion, les plus facilement
solubles ayant seuls pu arriver jusque-là, tandis
que les plus réfractaires étaient plus bas arrêtés
par la cristallisation. On est ainsi amené progressivement aux roches particulièrement fusibles qui,
parvenues jusqu'aux évents volcaniques eux-
mêmes, ont coulé à la surface en nappes de laves.

Enfin, soit les volcans des dernières périodes
tertiaires, que l'on peut étudier dans l'Ouest améri-
cain et le Mexique, soit les volcans tout récemment
éteints et encore presque immodifiés, dont le
Plateau Central, par exemple, renferme de beaux
spécimens, soit enfin les volcans en activité, nous
montrent la forme de plus en plus superficielle
d'un phénomène qui, dans son origine première,

reste toujours le même. Là, sous la pression interne, une explosion paraît avoir crevé la surface en forme de cheminée, ou d'évent : évent probablement situé à l'intersection d'une cassure principale. jalonnée par les alignements des divers volcans, avec quelque fissure secondaire, mais sans que cette cassure principale se manifeste à la surface, au moins à l'état de dénivellation. L'existence de cette cheminée éruptive se traduit : à de grandes profondeurs, par une formation éruptive dont les colonnes diamantifères du Cap sont un bon spécimen ; près de la surface, par ces dykes basaltiques, où l'on a parfois trouvé de si curieuses cristallisations aurifères à Cripple Creek au Colorado ; enfin, tout à fait au jour, par les cratères d'explosion de l'Auvergne ou de l'Eifel. Par elle, la suite de l'explosion a alors lancé au dehors, avec des torrents de vapeur d'eau, des cendres pulvérisées, qui se sont accumulées autour d'elle en un cône ; puis les roches fondues se sont élevées dans ce cône en s'ouvrant latéralement des orifices à des hauteurs variables et déversant des coulées de laves. C'est le phénomène volcanique tel que chacun le connaît.

Mais, pas plus qu'aucun autre élément terrestre, un volcan n'est éternel ; après des périodes successives d'éruption et de sommeil, finalement il s'éteint et aussitôt l'érosion commence à le détruire, avec d'autant plus de facilité que ses matériaux cendreux

18.

offrent, en général, moins de résistance. On voit donc apparaître au jour son appareil interne et les racines de ses coulées. Puis celles-ci sont peu à peu démantelées, divisées en tronçons ; mais pourtant, comme elles ont d'ordinaire une dureté supérieure à celle des terrains sur lesquels elles se sont épanchées, elles résistent plus longtemps ; on retrouve alors bientôt, sur de hauts plateaux, telles coulées de basalte ou d'andésite qui avaient commencé par s'épancher dans des vallées, tandis que des vallées d'érosion nouvelles, plus profondes, s'enfoncent entre les coulées. Après quoi, les derniers tronçons de ces laves disparaissent et la superficie n'offre plus guère que des dykes ou des filons intrusifs (ce qui est généralement le cas dans la chaîne hercynienne). Enfin, l'érosion se poursuivant toujours, ces dykes eux-mêmes s'effacent et, à moins d'un cas de conservation exceptionnel, analogue à celui qui, dans l'histoire, nous a gardé Pompéi, on observe seulement (comme c'est le cas dans les massif sprécambriens), des noyaux granitiques avec leur enveloppe de gneiss et de terrains feuilletés métamorphiques. Ajoutons qu'à cette profondeur même, l'allure variable de ces granites et de ces gneiss peut, elle aussi, caractériser (ainsi que le passage de la Bretagne plus superficielle au Plateau Central plus profond suffirait à le montrer) des sortes de sections horizontales superposées.

Comme on l'aura remarqué, j'ai, dans l'exposé précédent, simplement indiqué en passant que les évents volcaniques présentaient, par rapport aux noyaux granitiques beaucoup plus étendus et plus profonds, une localisation latérale et superficielle, sans dire de quelle manière s'était produite historiquement cette localisation. Les rapports de celle-ci, tant avec le plissement montagneux qu'avec les formations marines, méritent encore d'être envisagés rapidement, soit par leur intérêt propre, soit par la transition qu'ils semblent fournir entre les phénomènes de plissement, caractéristiques des chaînes montagneuses et les effondrements, dont le rôle paraît, au contraire, de plus en plus considérable dans les récentes dénivellations marines, dont nous aurons à nous occuper bientôt.

Si nous passons à ce nouvel ordre d'idées, on peut admettre en résumé que toutes les manifestations pétrographiques résultent de mouvements dynamiques, par suite desquels les parties fluides internes se sont trouvées poussées et injectées dans les vides plus ou moins grands de l'écorce, pour y cristalliser en profondeur. ou arriver s'épancher au jour. Il est donc naturel d'admettre une relation entre les venues éruptives et les mouvements du sol, qui eux-mêmes n'ont pu manquer d'entraîner des déplacements marins. Quand on veut préciser cette relation et chercher quels types de dislocations sont propices aux déplacements des magmas ignés, on est amené à prendre, comme point de départ, l'étude du volcanisme actuel, qui représente, je le repète, une forme à la fois superficielle et localisée du phénomène. Les nombreuses corrélations établies entre les volcans d'un même alignement, d'une même trainée, conduisent à penser que, si les perforations superficielles, où l'activité interne s'épanche, nous semblent isolées les unes des autres, il existe pourtant entre elles un lien profond, peut-être sous la forme d'une même lentille en ignition, et que l'on retrouverait celle-ci cristallisée avec un type granitique, si l'on pouvait faire une section horizontale à une profondeur suffisante.

Evidemment de telles dislocations, par lesquelles les roches fluides de la profondeur montent à la surface, doivent signaler des lignes d'affaiblissement importantes et profondes de l'écorce et cette importance, cette profondeur, apparaissent d'autant mieux que l'on peut voir certains de ces accidents jalonner, presque d'un bout à l'autre, les deux bords convergents du Pacifique, aller de la Syrie aux grands lacs africains (axe érythréen), suivre l'axe de l'Atlantique, ou, en plus petit, contourner une grande partie de la Méditerranée Occidentale.

Quand on examine alors quelles sont les zones

géologiques ainsi bordées par des traînées de volcans, afin d'établir, comme nous nous le proposons, la relation de la tectonique avec la pétrographie, on croit voir que ce sont, le plus souvent, des zones récemment effondrées, et que l'axe volcanique accompagne, à faible distance, un plan de fracture, suivant lequel s'est produite une dénivellation considérable entre un compartiment de l'écorce plissé et surélevé et un autre disparu en s'affaissant sous la mer. On peut donc supposer, avec M. Suess, que c'est la pression même du compartiment affaissé, qui a déterminé l'ascension des roches éruptives par les cassures ou les évents circulaires ouverts le long de son bord : avec quelle force, on le conçoit, en remarquant que certains cratères volcaniques, sur la périphérie du Pacifique, atteignent 6.000 mètres d'altitude.

Les évents volcaniques se trouvant ainsi directement connexes des effondrements et des ruptures à plan vertical, on est, par suite, conduit à supposer qu'ils se sont historiquement produits dans les diverses phases où nous supposons des accidents semblables : soit peut-être à l'origine du géosynclinal suivant la fracture préliminaire qui a pu lui donner naissance ; soit, après les plissements, sur les zones latérales des chaines plissées, autour de toutes les fosses elliptiques ou arquées enfoncées dans les derniers rameaux de la chaine elle-même vers son Arrière-Pays et au milieu de son Avant-Pays disloqué.

Il est naturel que la zone axiale de la chaîne plissée, ayant subi le maximum de compression tangentielle, se soit mal prêtée à de tels déplacements de fluides profonds et que ceux-ci se soient, au contraire, trouvés rejetés dans les zones de décompression momentanée, traduites par des effondrements. On peut ajouter que, dans l'histoire d'une chaîne plissée, le développement violent des manifestations éruptives, pouvant arriver jusqu'à la surface, représente un épisode assez momentané. Il suffit, pour s'en rendre compte, de comparer l'énorme extension des centres volcaniques à la fin des principaux plissements alpins avec les faibles restes d'activité superficielle qui en subsistent aujourd'hui. Les phases d'accalmie définitive, dont nous avons cru reconnaître l'existence dans l'histoire structurale de la Terre, ont dû être, en même temps, des phases de repos pour le volcanisme.

Enfin, les effondrements ayant facilement entraîné un afflux des eaux marines vers leurs cavités, on s'explique comment, par ce fait seul, les principales lignes d'évents volcaniques, déterminées par ces accidents, se sont toujours trouvées sur les rivages à caractère effondré, sans qu'il soit nécessaire d'en conclure une relation (d'ailleurs possible) entre la violence des explosions volcaniques à projections de vapeurs d'eau et de fumerolles chlorurées et sulfurées et l'introduction profonde des eaux jusqu'aux roches en ignition.

3° L'histoire d'une mer. — La formation des zones déprimées, qu'occupent nos océans, peut avoir bien des causes et il n'y a évidemment aucun rapport à établir entre le cas de ces plateaux sous-marins à peine submergés, qui prolongent les continents par transitions insensibles et les brusques dénivellations de 6 à 9.000 mètres que l'on trouve tout à coup le long d'une côte volcanique dans l'Océan Pacifique. La ligne séparative des mers et des terres, qui joue un rôle essentiel dans nos cartes géographiques et à laquelle nous sommes tentés d'attribuer en conséquence un caractère absolu, ne représente, en réalité, qu'une ligne de niveau absolument quelconque dans le relief de la Terre: une ligne, qui se trouverait singulièrement modifiée par le passage de régions entières, soit à la mer, soit à la terre ferme, si l'on relevait ou l'on abaissait de quelques dizaines de mètres le niveau général des océans.

L'étude de la géologie accuse probablement bien des variations de ce genre, qui ont tour à tour fait émerger ou immerger tels ou tels pays par l'effet de mouvements relatifs peut-être très faibles dans les compartiments de l'écorce, ou de gonflements

marins plus généraux, dus à des attractions lointaines et analogues à ceux des marées, que nous
examinerons dans un instant[1]. Mais, il existe, en
outre, des bassins marins très profonds, où l'on
se demande si la mer n'a pas existé de tout temps
et dont il serait curieux d'explorer le fond pour voir
s'il s'y rencontre ou non quelque trace d'une
ancienne émersion continentale. Et d'autres mers
enfin semblent accuser de véritables effondrements
plus ou moins récents, par suite desquels tout un
bloc terrestre a dû s'enfoncer brusquement sous
les eaux[2]. La première catégorie de mouvements
n'a, sans doute, qu'une influence secondaire dans
l'évolution structurale du globe; mais elle joue un
rôle essentiel dans toutes nos études de stratigraphie pratique, puisque la géologie est fondée,
en définitive, sur l'étude des sédiments marins
aujourd'hui incorporés dans les continents. Le
second groupe de fosses marines, que l'on est

1. On a fait cette remarque curieuse qu'aucun des sédiments
représentés dans nos terrains ne paraît correspondre à un
véritable dépôt de grande profondeur et l'on a voulu en conclure,
malgré bien des faits contradictoires, que les déplacements
des mers auraient été très restreints.

2. Les grandes variations de relief dans certaines mers,
quand elles ne sont pas dues à des effondrements récents, pourraient être considérées comme des déformations structurales,
qui contrastent avec le caractère de plateau vers lequel tendent
peu a peu les continents. Il faut, tout au moins, que ces parties
aient été submergées avant d'être aplanies.

porté à supposer constantes, aurait, si cette constance se trouvait démontrée, un intérêt de premier ordre, puisque nous serions là en présence d'accidents tout à fait primordiaux dans la constitution de notre planète ; en attendant, nos connaissances sur le fond réel de ces mers étant réduites presque à rien, elles constituent le grand point d'interrogation irritant de toutes nos cartes paléo-géographiques. Enfin l'existence des fosses d'effondrement et de leurs modifications se rattache, par un lien étroit, à toutes les questions de tectonique, de pétrographie et de métallogénie, puisqu'elles peuvent marquer une phase décisive dans la création des géosynclinaux ou dans le fractionnement des chaînes montagneuses et qu'en tout cas leurs accidents axiaux ou marginaux sont jalonnés par des manifestations éruptives, avec lesquelles les cristallisations de minéraux métallifères ont une relation à peu près certaine.

En laissant de côté des mers, comme la Baltique ou la baie d'Hudson, qui ne sont que la suite directe et l'inflexion légère des continents, ou d'autres comme la Manche qui ressemblent à des vallées d'érosion, nous pouvons envisager trois exemples principaux, l'Océan Pacifique, l'Océan Atlantique et la Méditerranée : le premier figurant une mer, peut-être très ancienne, à forme déterminée par les plissements ; le second, un immense

effondrement relativement récent ; et la troisième,
un sillon approximativemeut marqué par les premiers plissements du globe, mais ayant eu une histoire compliquée par les avancées, les reculs, les
déplacements des eaux et, en dernier lieu, par des
effondrements en ovales à ceinture volcanique.

La distinction entre le type Pacifique et le type
Atlantique est classique en géologie depuis les travaux de M. Suess. Dans le premier cas, on a une
mer contournée par des plissements, qui en
épousent ou en déterminent la forme. Ces rides montagneuses, pour la plupart récentes, sont parallèles
au rivage, comme si elles avaient été arrêtées, dans
ce sens, par un Avant-Pays massif caché sous
les eaux ; la mer, qui leur succède, s'enfonce d'abord
brusquement en un sillon côtier parallèle, dont la
profondeur peut atteindre 8.500 mètres et, en
même temps, l'on suit, dans les continents, à
faible distance du rivage, une longue ligne de
rupture dilatée, avec évents volcaniques, que l'on
a pu assimiler à un cercle de feu : zone dilatée, puisqu'elle livre passage à des matières en ignition.

L'Atlantique, au contraire, s'enfonce à l'emporte-
pièce, au milieu de terrains plissés, dont les côtes
recoupent toutes les directions au hasard, et ce caractère, qui semble donc impliquer un ou plusieurs
effondrements indépendants des plissements, ne cor-
respond à aucune espèce de volcans, ni anciens ni

récents, sur les rivages. La rupture de ces rivages doit avoir été accompagnée d'une compression. Il y a des volcans dans l'Atlantique ; mais ils occupent son axe, sous la forme d'une chaine d'ilots actuellement très discontinue, que peuvent relier des volcans sous-marins, auxquels on a été tenté d'attribuer certains phénomènes encore mystérieux, comme la soudaine arrivée des lames de fond sur nos côtes.

L'Océan Pacifique a donc, quel que soit son âge, une forme déterminée par les plissements et l'Océan Atlantique, une allure causée par les effondrements dans le premier cas, les ruptures avec dilatation, propres aux évents volcaniques, sont périphériques ; dans le second cas, elles sont axiales.

Suivant une remarque antérieure, la direction générale des plissements ayant été de très bonne heure esquissée sur le globe, on s'explique comment le Pacifique peut être une mer très ancienne : comment, en tout cas, la direction de ses côtes a été dessinée dès le début des temps primaires, au moins par des iles et plus tard, par le géosynclinal, origine de la chaine des montagnes Rocheuses et des Andes. Au contraire, nous avons vu que les éclatements Nord-Sud, les effondrements, dont l'Atlantique est un exemple, sont apparus très récemment dans l'histoire du globe : l'Atlantique est une mer nouvelle, dont les anciennes cartes paléo-géographiques ne montrent très longtemps aucun indice, accusant à tous égards, la connexion directe du Brésil avec l'Afrique du Sud, comme du « Bouclier » canadien avec son homologue, le « Bouclier » scandinave[1].

Si, d'après ce passé, nous cherchons à concevoir l'avenir de ces deux mers, on peut imaginer, tout autour du Pacifique, la formation de nouvelles chaînes plissées venant s'ajouter peu à peu aux continents et poursuivant, avec la même loi, le mouvement de plissement si anciennement esquissé, tandis qu'il peut se produire un jour, dans l'axe de l'Atlantique, un géosynclinal, appelé à se transformer ultérieurement en une chaîne plissée, orthogonale, comme l'Oural, sur l'ensemble des plis européens.

La Méditerranée représente un cas plus restreint et beaucoup plus facile à suivre historiquement de dépression marine en rapport avec les plissements primitifs du globe comme le Pacifique ; mais, tandis que, pour le Pacifique, nous voyons seulement deux chaînes côtières séparées par d'immenses étendues de mers à fond inconnu, dans lesquelles nous sommes réduits à nous demander s'il se dissimule des plis anciens consolidés ou une zone réservée à des plis futurs, le sillon

1. Voir *Science géologique* p. 256, l'histoire plus détaillée de cet affaissement atlantique.

méditerranéen, très étroit, est bien connu, et l'on peut suivre ses déplacements pendant toute l'histoire géologique.

J'ai déjà dit un mot, dans le chapitre précédent, de ce très ancien sillon « mésogéen », qui, dès l'époque cambrienne (étage 2), c'est-à-dire dès le début des terrains à restes organiques conservés, apparaît sur les cartes paléo-géographiques, pour se perpétuer, avec quelques variations d'importance relativement faible, jusqu'à nos jours et j'ai même alors indiqué comment le simple refoulement des massifs polaires contre les massifs équatoriaux, par la contraction terrestre, pouvait suffire à expliquer cette zone de dépression si caractéristique, dont les sinuosités oscillent autour du 30° parallèle, ainsi que le bourrelet équatorial auquel elle a été longtemps adossée. Il nous suffit ici de remarquer que cette mer intérieure cambrienne suit déjà, d'une manière frappante, à travers l'Europe et l'Asie, la zone future des chaines alp-himalayennes, marquant bien ainsi sa connexité avec un régime de plissements, destiné à prévaloir dans la suite. On la voit réunir l'Espagne, la France, la Suisse, la zone carpathique, le Caucase et l'Himalaya pour se continuer : d'une part, vers le golfe du Mexique, de l'autre vers le Japon.

A l'époque carbonifère, pendant le dinantien (étage 11), les conditions restent approximativement

les mêmes, avec ces variations de quelques degrés
en latitude, auxquelles il est naturel de s'étendre;
les deux extrémités de la mer intérieure vers le
golfe du Mexique et vers la Birmanie n'ont guère
changé ; mais le soulèvement de la chaîne hercynienne en Europe Centrale a fait reculer l'axe
marin, à peu près parallèlement à lui-même, vers
le Sud du Maroc et de l'Algérie, puis en Turquie
d'Asie.

Plus tard, c'est sur ce même sillon que l'on
trouve la « Téthys » triasique, la « Mésogée » tropicale des temps crétacés, où se perpétuent et d'où
essaiment les faunes des mers chaudes.

Enfin, au début du tertiaire, pendant le lutétien
(étage 44), l'axe marin, partant des Antilles et re-
coupant l'Espagne au Nord de Grenade, enfile à
peu près l'axe de la Méditerranée actuelle.

Et cette coupure ne marque pas seulement une
limite géographique; elle sépare encore deux masses
continentales, dont l'évolution a été sans cesse différente, jusqu'au moment où l'ouverture des fosses
atlantiques Nord-Sud est venue établir entre elles
quelques communications.

L'époque tertiaire, pendant laquelle se sont produits (précisément dans la zone d'Europe qui, pour
un géologue, se rattache à la Méditerranée), tant
de soulèvements montagneux, dont le rôle dans le
relief actuel demeure prépondérant, a entraîné,

dans l'allure des fosses méditerranéennes, des changements incessants; leur histoire complète, difficile à suivre sans une série de cartes détaillées[1] et sans une connaissance précise des termes géologiques, ne présenterait pour notre sujet qu'un intérêt secondaire. Il me suffira d'en faire ressortir quelques traits généraux.

Avant le soulèvement des Alpes et des chaînes solidaires, Pyrénées, Apennins, Carpathes, etc., l'étendue de la Méditerranée était énorme; outre l'emplacement de la mer qui porte actuellement ce nom, elle couvrait, à l'époque lutétienne (étage 44), l'Andalousie, les Pyrénées avec le bassin de la Garonne, l'Italie, l'Illyrie et la Grèce, le bassin de Vienne et le bassin roumain, tout le Sud de la Russie, la Turquie d'Asie, la Perse, etc.

Dès l'époque suivante (bartonien, 45), les Pyrénées commencent à se plisser; elles sont émergées à partir du ludien (46) et le bras de mer, qui reliait auparavant notre golfe de Gascogne avec la Méditerranée, se réduit, du côté de l'Atlantique, à une longue lagune saumâtre destinée à s'assécher peu à peu.

1. Voir, pour ces cartes, DE LAPPARENT, *Traité de géologie*, 5ᵉ édition, 1906, p. 1526, 1547, 1616, 1626 et 1633. On m'excusera d'employer ici quelques noms d'étages géologiques; le numéro d'ordre qui y est joint permet d'en reconnaître aussitôt la place dans la série chronologique, au moyen du tableau chronologique inséré à la fin de ce volume, page 305.

Puis l'oligocène (47) marque, dans les conceptions nouvelles des tectoniciens, l'époque où, simultanément, auraient surgi les Pyrénées et se seraient formés, sans saillies extérieures bien marquées, les empilements profonds des nappes préalpines, destinés seulement à surgir plus tard, après le tortonien (51). Pendant cette période, on constate, en France, l'introduction des eaux marines ou saumâtres dans un certain nombre de fosses creusées parallèlement aux plis futurs des Alpes ; un long sillon marin, qui s'est formé à peu près suivant l'axe des Alpes, relie le golfe de Gênes au bassin de Vienne, tandis qu'à la Méditerranée actuelle s'ajoutent toujours l'Italie, la Sicile, l'Illyrie, l'Albanie et la Grèce.

Dans ce sillon se déposent aussitôt, par le démantèlement immédiat de premières rides naissantes, des sédiments assez particuliers de grès, d'argiles ou parfois de poudingues très riches en algues, analogues aux dépôts des lagunes carbonifères, formées dans les mêmes conditions avant la chaine hercynienne et auxquels on a donné le nom de flysch.

Mais, avec l'époque miocène, le mouvement alpin commence à se traduire au dehors sous la forme de rides et le grand changement, qui en résulte dans l'Europe méridionale, s'y traduit par l'émersion des régions que nous sommes habitués à envisager comme continentales, avec retrait corrélatif de la mer.

C'est ainsi qu'au milieu du miocène, à la fin de l'helvétien (50), la ride alpine existe déjà, avec un rameau vers les Apennins, un autre vers les Alpes illyriennes et la Grèce ; les Balkans, les Carpathes, le Caucase sont émergés et la plus grande différence avec la forme actuelle des continents est dans l'existence d'un grand bassin marin sur la région de Vienne et la Hongrie avec débouché dans la mer Noire, ainsi que dans la submersion de la Lombardie et de la Basse-Italie.

Indépendamment de toute notion corrélative sur l'histoire des Alpes, il suffirait d'examiner les dépôts de cette période helvétienne (50), le long des Alpes, pour avoir l'impression d'assister à l'évaporation d'une mer. De tous côtés, à ce moment, se dépose une argile toujours semblable, d'un gris bleu, un peu micacée, peu plastique, une mollasse marine, contenant de nombreuses lentilles de sel et même, en certains points comme à Kalusz, des sels alcalins prouvant une évaporation déjà très avancée. C'est ce qu'on appelle le Schlier.

Bientôt, sur la partie supérieure de ce Schlier saturé de gypse et de sel, apparaissent, en Basse-Autriche, des plantes terrestres, indice d'un continent émergé, jusqu'au moment où une nouvelle incursion marine, caractéristique de ce qu'on a appelé la phase aralo-caspienne (53), envahira les régions de la Roumanie et de la Basse-Autriche en partant de la Caspienne et de la mer Noire, pour s'évaporer à son tour dans une phase de recul, qui s'achève, sous nos yeux mêmes, pour la zone de la mer Caspienne.

Après quoi, les derniers étages miocènes (52, 53) voient se produire un assèchement singulier de toute l'Europe. Avant le soulèvement alpin, pendant le lutétien par exemple (44), ou l'oligocène (47), la mer était à peu près partout dans l'Europe méridionale; maintenant elle n'est pour ainsi dire plus nulle part; notre Méditerranée, si constante jusqu'alors, semble près de disparaître par évaporation. A l'époque sarmatienne (52), il en subsiste seulement deux grandes lagunes saumâtres : l'une, reliant l'Andalousie à la pointe Ouest de la Sardaigne; l'autre, couvrant une partie de l'Italie et de la Sicile et se dirigeant vers l'Égypte. Une autre immense lagune relie le bassin de Vienne à la Caspienne. Mais la mer Égée est à sec avec la plus grande partie de l'Adriatique et, pour aller de Gênes à Tunis par la Corse et la Sardaigne, c'est à peine si l'on rencontre peut-être encore au Nord de l'Afrique une étroite lagune.

Enfin, quand le pliocène (54 à 56) commence, il se produit, dans la géographie méditerranéenne, un changement, dont les conséquences pour la faune marine sont considérables. Nous entrons, désormais, nettement dans la phase de démolition des saillies alpines, dans la période où s'accentuent les effondrements.

C'est d'abord l'écroulement de la barrière élevée pendant le tortonien (51) en travers du détroit de Gibraltar, sur le raccordement des plis bétiques avec ceux du Maroc et de l'Algérie. La mer de l'Atlantique, un moment séparée de la Méditerranée, se réunit de nouveau à elle, y apportant une faune plus froide, mais rendant, par contre, le climat de l'Europe méridionale plus solidaire du climat africain. Puis un autre effondrement fait disparaître l'extrémité Est de l'Atlas et avancer la mer jusqu'à l'île de Cos et, vers le moment où l'homme apparaît sur la Terre (57), la mer Égée s'effondre à son tour.

Désormais la Méditerranée a acquis sa forme actuelle, sauf des retouches locales, en relation possible avec l'instabilité subsistante du sous-sol, que marque, d'autre part, l'activité volcanique ; son histoire est, non pas terminée (car il lui reste, sans doute, dans l'avenir, d'autres nombreux cycles à parcourir), mais du moins arrivée jusqu'au point où nous pouvons la connaître par des faits d'observation sans nous hasarder encore à prophétiser l'avenir.

Mouvements généraux des mers. — Dans tout ce qui précède, nous avons surtout envisagé ces déplacements des mers que l'on peut considérer comme rattachés à une transformation plus ou moins lointaine, plus ou moins générale, de la structure terrestre et nous avons laissé de côté une catégorie de mouvements marins très intéressants, où l'on a cru apercevoir une sorte de rythme propre, de flux et de reflux, analogue à celui des marées et indépendant de toute déformation structurale. C'est, en effet, que l'existence même de tels mouvements généraux, affirmée avec foi par quelques géologues éminents, est très contestée par la majorité des autres. Il a fallu d'abord abandonner l'idée, qui était venue naturellement, d'une évaporation progressive dans les mers, entrainant une émersion progressive des continents; la persistance sur certaines côtes de rivages depuis le trias jusqu'à nos jours suffit, avec les changements tout à fait indépendants des régions voisines, pour contredire une telle hypothèse. Les mêmes observations semblent également contraires avec l'idée de grandes dénivellations générales produites par la création de fosses nouvelles effondrées; mais elles peuvent parfaitement se concilier avec des marées périodiques, ayant pour résultat d'attirer la masse des océans, tantôt vers une partie de la Terre, tantôt vers l'autre et produisant, par conséquent, sur la même région, des « transgressions » et des « régressions » successives, à extension, à intensité, à époque même variables, suivant les points et suivant les temps, comme nos marées journalières le long des côtes et peut-être y a-t-il, dans cet ordre d'idées, quelque chose à trouver.

Rythmique ou non, causé par une influence astronomique ou par de simples changements de structure (qui, en tous cas, sont sans cesse intervenus), le balancement des mers à la surface de nos continents est un fait incontestable et doit tous les sédiments étudiés par notre stratigraphie portent l'empreinte manifeste. La superposition des terrains entassés en coupe verticale sur un point quelconque de nos pays et traversés, par exemple, dans un sondage montre aussitôt qu'il y a eu là alternativement des continents, des lagunes basses, des mers atteignant mille mètres et plus, puis de nouveau des estuaires vaseux, des côtes sableuses, des continents émergés et encore des mers profondes. Certains de ces déplacements marins sont très locaux : la mer avance et recule dans un coin de pays; d'autres plus généraux doivent, comme nous l'avons vu, se rattacher aux grands plissements montagneux, ou peut-être comme je viens de l'indiquer, à un phénomène de cycle périodique. Ces derniers n'ont assurément ni la généralité, ni le synchronisme absolu qu'on leur avait autrefois attribués d'une façon tout à fait invraisemblable ; mais leur zone d'extension est cependant assez considérable pour que les périodes de hautes et basses mers, où leur sens a changé, accusent, dans notre chronologie géologique, des phases caractéristiques.

Nous voyons, par exemple, en Europe, la mer dévonienne (5) déborder en tous sens, puis la marée reculer pendant le carbonifère (11). Elle est basse au début du permien (14), remonte pendant le trias (17), arrive à son apogée vers le milieu du jurassique (21) et redescend pendant le jurassique supérieur (28). Le début du crétacique commence une nouvelle période de flux, qui se développe pendant l'albien (35), atteint son maximum pendant le cénomanien (36) et redescend jusqu'au tertiaire (41).

A chacune de ces marées correspondent naturellement des changements dans la faune marine : des êtres nouveaux étant apportés par la mer montante ; des espèces disparaissant quand la marée basse les laisse à sec sur un continent.

La difficulté est de démêler, parmi ces déplacements, ceux qui pourraient avoir un caractère indépendant des changements de structure et sur lesquels on serait, dès lors, en droit de se fonder pour établir des évaluations en années par comparaison avec quelque phénomène extérieur à notre globe. Cela nécessiterait, sur la tectonique de toute la Terre, des notions que nous sommes très loin de posséder encore : l'ensemble des mers ayant dû nécessairement accuser une solidarité générale pendant des mouvements tels que ceux qui ont fait surgir des eaux les Alpes et l'Himalaya ou fait passer sur d'anciens continents la mer des Indes et l'Atlantique.

CHAPITRE VII

L'histoire des climats. — Les variations physiques et astronomiques.

Température de la Terre et du Soleil, volume et salure des mers, magnétisme, changements dans la vitesse de rotation, la position de l'axe, etc... — Conclusions relatives au passé de la Terre. — Essais d'évaluation en années.

Jusqu'ici, nous avons étudié l'histoire de la structure terrestre et de ses déformations, qui entraînent par contre-coup des changements dans la répartition et l'allure des mers : j'ai essayé, en le faisant, de montrer l'application de ces deux grands principes qui dominent le monde physique, l'évolution et la récurrence et de rattacher les uns aux autres des phénomènes, qui ne nous semblent parfois indépendants que parce que nous ne savons pas en reconnaître la solidarité.

C'est ainsi que, dans le domaine de l'évolution, nous avons expliqué les déformations structurales par une contraction progressive de la Terre, due elle-même à un refroidissement ; celle-ci, comme nous l'avons vu, parait s'être d'abord traduite presque exclusivement par des plissements, auxquels la symétrie nécessaire autour de l'axe de rotation donnait un allongement suivant les parallèles ; puis, lorsque l'écorce a eu perdu sa flexibilité, elle a comporté, en outre, des éclatements suivant des méridiens ; et nous avons cru apercevoir, dans la répartition de ces accidents, une certaine tendance grossière à la symétrie tétraédrique.

Nous avons, en même temps, remarqué que tout mouvement, soit positif, soit négatif, de la surface, amenant, ou le surgissement d'une chaine montagneuse, ou l'effondrement d'une fosse océanique, ne pouvait manquer d'avoir eu son contre-coup dans la distribution des mers, qui a entrainé elle-même, comme il est facile de le prévoir, des transformations de la faune et des changements de climat. Enfin, nous avons rattaché à ces phénomènes tectoniques toutes les manifestations de la pétrographie et de la métallogénie.

Dans le domaine des récurrences, nous avons étudié tour à tour l'histoire d'une chaine montagneuse, celle d'une région volcanique, celle d'une mer, et nous avons vu comment des séries analogues de phénomènes solidaires, formant par leur ensemble un cycle complet, s'étaient reproduites à diverses reprises sur des zones, en général différentes, de l'écorce terrestre, et comment chacune de ces phases pouvait nous servir à établir des coupures, ou, si l'on veut, des dates critiques, dans notre chronologie.

Mais le changement de forme de la Terre, de ses montagnes et de ses mers, n'est pas, dans l'histoire de notre planète, le seul élément qui nous intéresse et, avec notre prétention de reconstituer toutes les caractéristiques des époques passées, pour comprendre les changements du monde organique qui ont pu en être la conséquence, nous devons encore étudier sommairement quelques autres traits de l'univers physique, les climats, la température de la Terre et du Soleil, la proportion et la salure des eaux, la distribution du magnétisme, les données astronomiques, etc. ; nous allons le faire en y cherchant l'application des mêmes lois d'évolution et de récurrence.

Variations des climats. — L'histoire des climats terrestres, tout d'abord, serait, si nous la possédions, bien précieuse ; car, du régime calorifique et pluvial dépendent, avec les conditions de vie, le mode de ruissellement, d'érosion continentale, la répartition des glaciers, etc., et, d'autre part, on peut se proposer de chercher, à certaines transformations des climats, une cause extérieure, qui prend alors une valeur astronomique.

Quand on parle ainsi d'un changement dans les climats, on peut imaginer d'abord qu'il est fait allusion à certains préjugés courants d'apparence demi-scientifique.

Des observations très vulgarisées ayant appris au public que des plantes tropicales avaient vécu jadis dans la zone polaire, il n'en a pas fallu plus pour étayer l'opinion vulgaire « que la Terre se refroidit », comme quelques années sans pluie suffisent à faire présumer qu'elle se dessèche.

En réalité, il est bien démontré que la chaleur interne de la Terre n'a à peu près aucune action appréciable sur la superficie : ce qui s'explique par la conductibilité extrêmement faible des roches, dont on a une preuve immédiate en voyant la neige subsister presque au contact des laves en fusion [1]. La température superficielle vient uniquement du soleil. Donc, bien que nos théories admettent, en effet, un lent refroidissement dans les parties internes de la Terre, celui-ci n'a dû avoir qu'une influence très faible sur l'évolution des climats superficiels [1], et dans les changements con-

---

1. D'après lord Kelvin, dix mille ans après la formation d'une première croûte solide, le flux de chaleur qui la traversait aurait été déjà sans influence sur la température extérieure. Alors que l'on considérait les gneiss comme la croûte de consolidation du globe, on a fait ressortir en outre leur grande épaisseur : mais cet argument tombe si on les envisage comme des sédiments métamorphiques.

tinus de ce genre qui ont pu se produire, le refroidissement du soleil est sans doute beaucoup plus en cause que celui de notre planète.

Quand, d'autre part, on envisage directement les premiers êtres apparus dans nos sédiments les plus anciens et que l'on imagine leurs conditions de vie d'après les espèces similaires encore existantes, on n'aperçoit pas non plus la probabilité que la température terrestre ait été, dans les temps précambriens, beaucoup supérieure à ce qu'elle est aujourd'hui dans la zone tropicale. Certains de ces êtres existent encore sans évolution appréciable et l'on n'a dès lors aucune raison d'admettre que leur milieu se soit modifié. Il n'y a, dans ces premiers terrains, ni « salamandres » ni « pyrozoaires » susceptibles de vivre dans un milieu embrasé. Le phénomène, qui ressort de cette étude directe, est bien moins un refroidissement continu de la température moyenne (sinon dans les limites de quelques degrés) qu'une localisation progressive des zones chaudes, d'abord uniformément réparties sur toute la Terre entre les pôles et l'équateur, indépendamment de la latitude, puis concentrées peu à peu au voisinage de l'équateur. C'est dans ce sens et dans ce sens seul (contrairement à des affirmations souvent répétées) que la paléontologie constate une évolution des climats, dont nous allons avoir à nous occuper.

Mais, avant de quitter cette question d'un refroidissement progressif dans la température des mers pour passer à la localisation des climats, je ne saurais négliger, comme élément d'information, des recherches poursuivies en dehors de toute géologie par un biologiste bien connu, M. René Quinton : recherches précieuses à certains égards, discutables à beaucoup d'autres, et particulièrement sur ce point des climats anciens.

La très ingénieuse théorie de M. Quinton, sur laquelle je reviendrai dans un autre chapitre [1], consiste à admettre que la vie animale, apparue à l'état de cellules dans les mers, a toujours tendu à maintenir, au cours de son évolution, les cellules composant chaque organisme dans un milieu marin, identique comme température, lumière, concentration saline, etc., au milieu originel. La température maxima la plus propice à la vie de la cellule étant de 44°, il en conclut que, lorsque les premières cellules sont apparues dans la mer, celle-ci avait précisément cette température. Puis, tandis que l'évolution créait de nouvelles espèces, la température moyenne des mers s'abaissait et il en résultait une double tendance : d'une part, chez les espèces apparues à une température supé-

---

1. QUINTON. *L'eau de mer, milieu organique* (Paris, Masson) et *Revue des Idées* (15 Janvier et 15 Mars 1904).

rieure et restées identiques à elles-mêmes dans un milieu peu à peu refroidi, adaptation progressive des cellules à cette température nouvelle avec vie ralentie ; de l'autre, chez des êtres nouveaux modifiés par l'évolution à une température plus basse, réaction de plus en plus forte contre le milieu extérieur[1] et faculté, poussée à l'extrême degré chez les derniers d'entre eux, oiseaux et mammifères, de maintenir leur température intérieure comme leur concentration saline) indépendantes de celles du milieu ambiant[2].

[1]. Ce n'est pas tout à fait ainsi que M. Quinton présente les faits ; il remarque seulement sans explication que, chez les plus récents vertébrés, « la vie se comporte d'une façon différente et tout à fait remarquable ». Ne pouvant donner ici une discussion de cet important travail, je serai amené à en interpréter les résultats expérimentaux un peu autrement que l'auteur.

[2]. Les reptiles, au lieu de maintenir leur température au-dessus de celle du milieu extérieur, peuvent par exception la maintenir de 6° au-dessous. M. Quinton en conclut que, lorsqu'ils sont sortis des mers, la température extérieure était de 6° supérieure à celle qui convenait à la cellule, soit de 50° (ce qui, par parenthèse, semble bien peu conforme à l'enseignement tiré de la flore carbonifère). Logiquement, les arachnides, les batraciens et les insectes, sortis des mers avant les reptiles, devraient avoir alors une réaction thermique négative encore plus forte. En outre, des reptiles carbonifères aux mammifères triasiques, la différence d'âge est très courte ; on ne s'explique pas comment, brusquement, la réaction, de négative, serait devenue alors positive. De toutes façons, bien des objections se présentent à la forme trop absolue et trop précise sous laquelle cette curieuse théorie est présentée.

La conséquence, c'est que les êtres seraient échelonnés, dans l'ordre de leur apparition, par leur température spécifique : les plus anciens (poissons, etc...) ayant simplement, pour leurs tissus, la température du milieu extérieur, tandis que les plus récents, doués d'une réaction thermique de plus en plus forte, arrivent à surpasser celle-ci de plusieurs degrés ; et, pour la question qui nous intéresse ici, il en résulterait que les mers, où vécurent les premières cellules organisées, auraient eu une température de 44° et se seraient peu à peu refroidies[1].

Ce n'est là qu'une hypothèse et, dans l'ensemble des travaux de M. Quinton, c'est, je crois, l'une des plus contestables ; car, en dehors de suppositions un peu gratuites sur les facultés contradictoires prêtées à l'être vivant de s'adapter ou de réagir, elle aboutit à cette idée que les carnivores, les ruminants et les oiseaux sont postérieurs aux hommes. Or, sans vouloir faire à l'homme une place à part ou le considérer comme l'aboutissement de toute la série géologique, il est contraire aux principes les plus élémentaires en paléontologie

---

1. Il est à remarquer que cette température pouvait, même dans la théorie de M. Quinton, être tout à fait locale au point où l'activité vitale aurait commencé à se manifester dans la cellule. Rien ne nécessite qu'elle se soit étendue à l'ensemble des mers

de reculer ainsi arbitrairement l'apparition d'un être au delà des plus anciens terrains où l'on a rencontré ses restes, surtout dans de telles proportions. D'ailleurs, on ne voit pas pourquoi la cellule, qui, dans cette théorie, s'est progressivement adaptée à une température plus faible avec vie ralentie, ne se serait pas inversement prêtée, en changeant de milieu extérieur, à une température croissante avec vie plus ou moins accélérée suivant les besoins créés par ce milieu, ni pourquoi la cellule aurait nécessairement trouvé d'abord les conditions les plus propices : ce qui est, en somme, le fond explicitement formulé de toute l'hypothèse [1]. Il ne me semble donc pas qu'on doive adopter, jusqu'à nouvel ordre, la conclusion précédente sur la température des mers cambriennes. Néanmoins l'idée du milieu marin conservé dans l'organisme aboutit à un système si bien coordonné et si séduisant au premier abord, qu'il était nécessaire d'en discuter ici ce corollaire.

---

1. La vie, d'après M. Quinton, est un phénomène assujetti à des conditions assez étroitement déterminées, puisque, depuis les origines, malgré les occasions, malgré les causes de variations qui se sont offertes ou produites. la vie animale ne paraît pas avoir pu mieux faire que de maintenir invariablement, pour son activité maxima, les conditions des origines. Pour l'auteur, c'est là une conclusion ; mais, comme toujours en matière semblable, la conclusion n'est qu'une prémisse inconsciente : les faits précis pouvant comporter une foule d'autres explications.

Laissant par conséquent de côté un refroidissement progressif et général, logiquement très possible, mais nullement démontré, nous allons nous
borner à étudier le fait beaucoup plus précis d'une
localisation des climats.

Ce qui caractérise aujourd'hui les climats terrestres, c'est leur très grande variété d'une région
à l'autre; au contraire, pendant tous les temps
primaires, on a l'impression d'une étonnante
égalité de climat, les faunes étant partout identiques : ce que l'on a expliqué par un diamètre apparent du Soleil assez grand pour que
les rayons aient pu arriver partout parallèlement. Peu à peu seulement les diverses portions
de la Terre ont acquis une individualité croissante et les changements de la faune et de la
flore y sont devenus de plus en plus indépendants les uns des autres (ce qui contribue, nous
le verrons, à rendre très difficile la synchronisa-
tion précise des niveaux tertiaires). Chaque grand
plissement montagneux a pu, en outre, déterminer un abaissement local de la température, qui
aura fait sentir son influence plus ou moins
loin.

Ce caractère d'uniformité aux époques primitives s'accuse, notamment, par l'extension des
récifs coralliens. Ceux-ci sont aujourd'hui localisés dans une zone tropicale, qui ne s'étend pas

à plus de 30 degrés des deux côtés de l'équateur. Les organismes coralliens ne peuvent vivre, on le sait, que dans une eau tiède et pure, à une température d'au moins 20° et à une profondeur moindre de 37 mètres, En admettant, ce qui paraît l'hypothèse la plus logique, qu'ils aient toujours exigé des limites de température semblables[1], on se trouve très précisément renseigné, par leur présence dans un terrain, sur les conditions où celui-ci s'est déposé. Or, pendant longtemps, on les trouve aussi bien au voisinage des pôles qu'à l'équateur.

Plus généralement, jusqu'à la fin de l'époque dévonienne, on n'aperçoit, d'un bout de la Terre à l'autre, aucune différence de faune, ni par suite, de climat. Étant donné que la fin de l'époque dévonienne a vu commencer le grand développement du monde végétal, avec la fixation du carbone, auparavant répandu à l'état d'acide cabonique dans l'air, on est en droit de se demander si une atmosphère très épaisse, très chargée d'acide carbonique et de vapeur d'eau, ne contribuait pas, antérieurement, à envelopper la Terre d'un manteau de brouillard, où se diffusait également la chaleur solaire : ce qui concorde avec

1. Nous n'avons aucune raison pour supposer que des êtres semblables se soient prêtés sans évolution à vivre dans des milieux de plus en plus différents du milieu originel.

le défaut presque absolu d'animaux à respiration aérienne, avant cette époque.

La période carbonifère (11 à 13), où la végétation a pris soudain une si extraordinaire expansion, a été encore, en moyenne, une époque de remarquable uniformité climatique, puisque cette végétation est alors partout la même, de l'équateur au 74° degré de latitude, au Spitzberg, en Europe, dans les Indes Orientales, la Chine, l'Afrique Australe, l'Amérique du Nord et puisque des coraux carbonifères se retrouvent, par 82 degrés de latitude, à la pointe Barrow, au Nord-Ouest de l'Amérique. Il s'est néanmoins produit alors, au moins localement, un changement sensible dans les climats, une abondance spéciale de précipitations pluvieuses sur de hautes cimes; car c'est l'époque des premiers glaciers, que nous connaissions avec quelque certitude. D'autre part, les variations si rapides de la flore pendant la période carbonifère, qui en font à ce moment et à peu près uniquement à ce moment) un si précieux instrument stratigraphique, sembleraient indiquer que les conditions climatiques se sont, pendant cette période de plissements terrestres, sans cesse modifiées avec les progrès du soulèvement, puis avec ceux de l'érosion, un peu comme elles l'ont fait pendant cette fin de la période tertiaire, qui, à tant d'égards, rappelle la période hercynienne.

Plus tard, à l'époque médio-jurassique (25), la flore des pays tempérés monte encore au moins jusqu'au 71° degré de latitude et il n'y a pas, d'après Heer, de différence, dans cette flore, depuis le 50° jusqu'au 71° degré, entre l'Angleterre et la Sibérie. Mais ce n'est plus pourtant, à en jugei par la faune, le climat absolument uniforme des premiers temps.

Puis, l'époque crétacée (32) amène un changement plus sensible dans la distribution des organismes coralliens. Dans la province méditerranéenne de la France, une transformation assez rapide substitue aux coraux proprement dits, d'abord les chamidées, puis les rudistes, qui ne sont plus à proprement parler des organismes constructeurs et qui paraissent avoir vécu dans des mers moins chaudes, également jusqu'à 35 mètres de profondeur.

Un changement parallèle se produit alors dans la flore; l'infra-crétacé (32) voit apparaître les premières plantes dicotylédones angiospermes, qui, pendant le supra-crétacé (36), prennent un développement considérable. Les arbres à feuillage caduc, les plantes à fleurs, que nous sommes habitués aujourd'hui à voir prédominer, refoulent alors un monde végétal à caractère plus primitif. On rencontre, avec des palmiers, des lauriers et des magnolias, des hêtres, des lierres, des châtaigniers, des platanes, des peupliers. La lumière est donc vive et les saisons deviennent changeantes. La flore, comme la faune, accuse un recul de la zone tropicale vers l'équateur. Ce recul paraît cependant peu accentué encore, même à la fin du crétacé (40), puisqu'il subsiste des palmiers en Silésie et des figuiers au Groënland par 70° de latitude.

Enfin, à l'époque tertiaire, sur laquelle je vais insister davantage en raison des facilités plus grandes d'étude qu'elle nous offre, les climats, devenus très analogues aux nôtres, accusent de plus en plus cette tendance à l'individualisme, parfois critiquée dans le monde moral, mais normalement introduite par l'évolution dans le monde physique.

En même temps que ces climats se particularisent, on les voit, par une conséquence assez logique quoique non forcée, accuser localement de rapides variations successives, dont la faune de mammifères, maintenant très développée, permet de suivre l'histoire, beaucoup mieux que ne l'auraient fait précédemment les animaux marins, si des variations du même genre se fussent manifestées. Quand nous atteindrons tout à l'heure la période pléistocène (57 à 60), qui est celle-là même dans laquelle nous vivons, nous y trouverons ce caractère porté à l'extrême. Au même point dominent alors tour à tour, dans un temps trop court pour permettre aucune évolution des être marins, l'antique éléphant des pays chauds (57), le mammouth à long poil des contrées au froid humide (58), le renne des steppes au froid sec (59) et les animaux de nos contrées. Pendant tout le tertiaire, on observe de plus en plus, dans les diverses régions, des alternatives de chaleur, de froid et d'humidité, puis des oscillations de glaciers, etc., qui offriront un grand intérêt théorique quand on en saura la cause, qui en prendraient surtout un très grand si elles représentaient, comme on l'a affirmé sans preuve, des phénomènes généraux en rapport avec quelque cycle astronomique, et, par suite, évaluables en années, mais pour lesquelles ce caractère de généralité est, il faut le dire, jusqu'ici fort peu démontré.

A cet égard, on se fait souvent des illusions, qu'il peut être utile en passant de combattre. Surtout pour les périodes les plus récentes, il faut bien se rendre compte que les instruments chronologiques deviennent de plus en plus défectueux et de plus en plus délicats à employer à mesure que l'on avance, précisément parce qu'ils se particularisent. Contrairement aux apparences premières, il est beaucoup plus difficile souvent de dater un terrain pléistocène (c'est-à-dire contemporain de l'homme) qu'un terrain cambrien. On est, en effet, constamment exposé à commettre alors en géologie la même erreur que si l'on regardait en anthropologie comme contemporains les Canaques à haches de pierre de la Nouvelle-Calédonie et les hommes néolithiques des stations lacustres, ou si l'on assimilait en histoire les trois révolutions d'Angleterre, de Suède et de France, qui ont également décapité un roi. C'est, par exemple, une preuve bien faible de synchronisme entre les périodes glaciaires observées ici et là et déjà si difficiles à distinguer localement les unes des autres par l'altération de leurs matériaux que d'en retrouver, en diverses régions, à peu près le même nombre avec des faunes à peu près semblables. La difficulté s'accroît encore par le fait des multiples subdivisions que l'on prétend établir dans une période trop courte pour avoir amené la moindre de ces variations zoologiques, sur lesquelles se fonde notre stratigraphie, et la façon dont ces questions particulièrement subtiles, pour l'étude desquelles un certain nombre de savants éminents ont, dans ces derniers temps, déployé des merveilles d'ingéniosité, sont, en même temps, souvent abordées par les fouilleurs de rencontre les plus inexpérimentés, rend les résultats soi-disant acquis parfois des plus suspects.

Ces dernières réflexions ne s'appliquent toutefois qu'à la très récente phase dite pléistocène et l'on peut, en remontant au début de la période tertiaire pour laquelle la méthode de travail géologique demeure applicable, raisonner avec quelque précision.

On remarque ainsi que la température moyenne de l'éocène (46) devait être encore, dans les régions boréales, d'au moins 20° supérieure à ce qu'elle est aujourd'hui. Pendant l'oligocène (47), les végétaux africains et austro-indiens quittent le Nord de la France, tandis que les arbres à feuilles caduques, issus d'un climat plus froid, y prennent leur essor ; la flore de l'Allemagne du Nord est celle de la Louisiane. Avec le miocène (48 à 53), le régime des pluies semble s'accentuer, la température restant tiède ; la France et la Suisse ressemblent à ce que peuvent être Madère, le Japon méridional ou la Géorgie. Puis le début du pliocène (54 à 56) marque d'énormes précipitations pluvieuses, un régime torrentiel, des érosions considérables, qui donnent peu à peu au sol son relief actuel, enfin un développement des glaciers, qui implique beaucoup moins du froid que de l'humidité ; et, finalement, il se produit, en Europe, à la fin du pliocène, au début de ce qu'on appelle le pléistocène, une première période de froid intense, correspondante à une abondance de précipitations pluvieuses d'autant plus extraordinaire qu'elle paraît avoir été réellement concomitante des deux côtés de l'Atlantique, en Amérique comme en Europe.

Quelle a été la cause de ce grand changement de régime? c'est un point sur lequel on a déjà entassé beaucoup de théories : les uns invoquant une cause astronomique, telle qu'une variation dans l'excentricité de l'orbite terrestre; les autres, avec plus de vraisemblance apparente, un simple mouvement géologique, tel que l'accentuation de l'effondrement atlantique. Mais la météorologie actuelle demeure encore une science très problématique, quand il s'agit d'analyser les phénomènes avec assez de précision pour en prévoir le retour. On doit penser que la météorologie préhistorique est singulièrement plus obscure encore, et, malgré tout l'intérêt du problème, on ne saurait le considérer comme résolu. Il est peut-être seulement utile de remarquer que cette intensité des phénomènes pluvieux et par conséquent glaciaires, si manifeste au début du pléistocène, a pu, dans le passé, se réaliser à maintes reprises, notamment après les grands plissements, sans que nous en ayons la trace aussi nette et ne constitue pas, par conséquent, un fait unique et exceptionnel dans l'histoire. La phase de glaciation et d'érosion, dont il s'agit ici, nous saute aux yeux parce qu'elle est toute récente et parce que les continents, sur lesquels elle a agi, ont gardé, depuis ce moment, à peu près leur même relief. Pour le pliocène (54 à 56), qui a précédé, nous voyons encore aisément quelque chose d'analogue. L'oligocène et le miocène (47 à 53), nous accusent aussi, par certaines accumulations de poudingues, des érosions comparables. Mais, dès que nous remontons ainsi dans l'histoire géologique, l'importance des formations continentales, soumises à notre étude, se restreint très vite; quand nous arrivons à des temps pour lesquels nous ne possédons plus que des dépôts marins, ou, en très petit nombre, des lambeaux de sédiments lacustres, nous perdons en même temps la possibilité de constater des phénomènes, qui, pour l'époque pléistocène, semblent prédominants surtout parce que la stratigraphie du pléistocène se trouve, au contraire, presque réduite à l'examen de formations continentales.

Le début du pléistocène, que l'on fait commencer avec l'apparition de l'homme, n'est géologiquement que la continuation du tertiaire, dans lequel l'étage entier n'aurait même pas le droit de former une période distincte si l'on continuait à diviser le temps d'après cette évolution de la faune marine, qui peut être grossièrement proportionnelle au nombre de siècles écoulés. Ce n'est plus, en effet, à proprement parler de la géologie que l'on est amené à y faire, mais plutôt de l'archéologie ou de l'histoire, histoire nécessairement locale et variable suivant les races ou les pays. On ne s'étonnera donc pas de me voir passer rapidement ici sur un sujet, qui, assez intéressant par lui-même pour fournir à lui seul l'objet de tout un ouvrage, ne doit être considéré dans celui-ci que comme un détail et une annexe. Le véritable intérêt pour nous dans ce pléistocène, où déjà succède au passé le présent de la Terre, sera d'y constater tout à l'heure la continuation de mouvements orogéniques analogues à ceux des époques antérieures, prélude possible de nouveaux mouvements futurs.

En ce qui concerne les climats de cette époque, j'ai déjà dit que, partout où on avait étudié la question, on avait reconnu plusieurs périodes glaciaires pléistocènes séparées par des périodes moins pluvieuses ou plus tempérées. Entre les unes et les autres on a cru reconnaître, par la limite inférieure des neiges perpétuelles, que la variation de la température moyenne n'avait pas dû dépasser 3 à 4 degrés, c'est-à-dire trois à quatre fois ce qui se produit couramment sous nos yeux.

On a établi, d'autre part, entre ces changements de climats et les diverses races humaines, des relations, qui, à la condition de leur laisser un caractère strictement localisé en France ou même dans une partie de la France, peuvent être à noter : après la première période glaciaire (58), apparition des hommes paléolithiques avec outils de pierre éclatés, puis taillés (chelléen et moustiérien), contemporains du mammouth ; nouveaux glaciers ; puis froid sec avec développement du renne et hommes des cavernes, dits magdaléniens (59), sachant déjà associer à des silex mieux travaillés des outils d'os ou d'ivoire, figurant peut-être même des animaux sur les parois de leurs grottes ; après quoi, climat plus tempéré et pluvieux, émigration du renne, arrivée d'une nouvelle civilisation plus raffinée dite néolithique (60) (que l'on a supposée venue d'Asie), où bientôt le bronze s'ajoute à la pierre polie et où la civilisation prend vite les formes qu'étudie plus spécialement l'histoire.

Variation des éléments physiques et astronomiques. — Les variations de la structure et, accessoirement, celles des climats, que nous avons examinées jusqu'ici, forment les points les plus importants d'une histoire géologique ; mais, avant de passer, dans un chapitre suivant, à l'histoire de la vie, il faut encore dire quelques mots sur les variations possibles d'autres éléments, physiques, magnétiques et astronomiques, qui, en outre de leur propre évolution, ont pu avoir un contre-coup plus ou moins direct sur les transformations de la structure et sur celles du monde organisé.

Parmi les caractères physiques, je me suis déjà

trouvé plus d'une fois signaler la température intérieure du globe et nous avons vu comment son
abaissement progressif pouvait être invoqué comme
la cause première de toutes les déformations
structurales.

Nous avons également fait remarquer comment
l'uniformité primitive des climats, mise en contraste
avec les différences actuelles entre le pôle et
l'équateur, avait conduit à supposer une réduction
du diamètre solaire : celui-ci ayant dû être assez
large au début pour que toutes les parties de la
Terre fussent également échauffées et la nuit
presque supprimée partout.

Dans le même ordre d'idées, il y a toutes vraisemblances pour que la température du Soleil se
soit abaissée et continue à s'abaisser peu à peu,
puisqu'elle représente un rayonnement constant,
une perte incessante d'énergie, à laquelle aucun
apport extérieur suffisant ne semble remédier.
Que cette énergie ait été, dès le début, sous une
forme calorifique, ou, comme on l'a imaginé surtout à la suite de découvertes récentes, qu'elle ait
été emmagasinée d'abord à l'état potentiel sous
une forme dont le radium a pu donner l'idée, peu
importe : une provision limitée, sur laquelle il
s'effectue une dépense continuelle, ne saurait
manquer de tendre vers son épuisement. Et, sans
doute, cette diminution de la température solaire

n'a pas dû être bien forte depuis l'origine des êtres vivants, puisque la température maxima des mers les plus chaudes paraît avoir été, dès lors, à peu près la même qu'aujourd'hui ; le phénomène n'en est pas moins à considérer.

Un autre élément important à la surface de la Terre, c'est l'eau, dont la réserve est considérable puisqu'elle représente une couche de 3 kilomètres répartie sur toute la planète et dont cependant la provision devrait, elle aussi, ce semble, diminuer très lentement par le fait des oxydations, poursuivies jusqu'à la profondeur extrême de l'écorce terrestre où il existe une communication avec la surface. Ici également l'observation est plutôt d'ordre théorique que pratique et cette disparition progressive de l'eau et de l'oxygène sur la superficie terrestre ne semble avoir eu aucune influence sur les phénomènes géologiques. La diminution actuelle des sources, qui a été récemment mise en lumière, est due, je crois, à de tout autres causes, soumises à récurrence et non à évolution, et ne représente, dans l'histoire de la Terre, qu'un incident tout à fait transitoire.

Mais, quand bien même le volume des mers n'aurait pas sensiblement diminué, leur salure a dû constamment s'accroître ; et là nous sommes en présence d'un fait progressif, qui pourrait avoir eu son contre-coup sur la vie organisée. Les mers, que j'ai appelées ailleurs l'égout universel, sont, en effet, l'aboutissement nécessaire de tous les éléments solubles, avec lesquels le ruissellement des eaux se trouve en contact dans une partie quelconque de la Terre et qui, tous, finissent tôt ou tard par arriver aux fosses marines : l'eau distillée seule étant remontée et aspirée vers les nuages. Dès lors, on doit retrouver dans les mers, à l'état de combinaisons avec les principaux métalloïdes, chlore, soufre, carbone, bore, phosphore, azote, etc., à peu près tous les éléments qui ont pu être susceptibles d'une dissolution totale ou partielle dans la masse entière des roches et sédiments remaniés par les érosions. Une partie seulement de ces matériaux, la chaux en particulier, échappe momentanément à cette destinée finale parce qu'elle a reformé des sédiments nouveaux; mais l'épaisseur moyenne des sédiments, dont l'étude, continuellement poursuivie par la géologie, nous amène à exagérer l'importance, est. en réalité, tout à fait insignifiante et l'on doit s'attendre à retrouver dans la mer, comme la chimie le constate en effet, la liste complète des éléments chimiques, aucun d'eux n'étant tout à fait insoluble. En outre de ces apports continuels, les mers pouvaient, dès l'origine, renfermer des sels provenant des vapeurs éparses dans l'atmosphère et condensées après la solidification de la croûte; mais cette teneur initiale ne serait pas nécessaire pour expliquer la salure des mers, salure qui certainement s'est accrue peu à peu. Il suffirait de prendre la composition moyenne de l'écorce terrestre en tenant compte des solubilités pour expliquer, sans aucune autre hypothèse, cette salure, qui a eu, comme on le sait assez, et comme nous le reverrons bientôt, une importance si essentielle sur les formes prises par la vie. Et, dans ce dernier ordre d'idées, il est remarquable que cette idée d'une salure progressivement accrue, à laquelle la géologie seule conduit aussi aisément, se trouve à tel point d'accord avec les expériences de M. Quinton, dont il a été question plus haut, sur la conservation par chaque espèce animale du milieu vital plus ou moins saturé en eau de mer, dans lequel cette cellule semble avoir commencé à évoluer.

A côté des actions calorifiques et des interventions aqueuses, les phénomènes électriques et magnétiques jouent un rôle à coup sûr très notable, dans les transformations de la matière terrestre comme dans celles des êtres organisés. Ce rôle, assez mal débrouillé encore, même dans ses manifestations actuelles, commence à peine à être exploré, quand il s'agit du passé. On a fait cependant, à cet égard, de fort curieuses expériences récentes pour déterminer la direction des forces magnétiques au moment où certaines nappes d'argile ont été cuites par des coulées éruptives, d'après le magnétisme permanent qui en est résulté pour ces sortes de briques naturelles et l'on a cru constater ainsi, depuis l'époque pliocène, un changement marqué dans la distribution magnétique du globe.

Enfin le magnétisme nous amène à parler de ces éléments astronomiques, qu'il est si tentant d'invoquer pour expliquer, et, plus tard, pour dater tous les phénomènes de l'histoire terrestre. Il y a, à coup sûr, quelque illusion à s'imaginer que ces éléments sont doués d'une fixité irréalisable dans l'univers, par cela seul que l'on n'a pas aperçu pour eux de variations sensibles dans les périodes infiniment courtes sur lesquelles ont pu porter nos observations, et rien n'empêche théoriquement de supposer que chacun d'eux a évolué dans une mesure très large. L'idée était si naturelle et les rêveries de ce genre exercent d'ordinaire une telle séduction sur le public qu'on ne s'en est pas fait faute et que les théories les plus variées, parfois même les plus ingénieuses, ont déjà été échafaudées. Ici on a fait varier l'axe de rotation terrestre depuis le pôle jusqu'à l'équateur pour expliquer les transformations des climats[1]; ail-

1. La variation constante de cet axe dans des limites très restreintes paraît, au contraire, un fait d'observation, que les cartes photographiques du ciel a diverses époques aideront à préciser.

leurs, en le laissant fixe, on a supposé, soit un ralentissement de la vitesse et une élévation relative des pôles pour expliquer les plissements Est-Ouest, soit un accroissement de cette même vitesse et un aplatissement des pôles pour interpréter les éclatements Nord-Sud. D'autres ont invoqué les modifications de l'excentricité et la précession des équinoxes pour expliquer les cycles de période glaciaire. Puis on a rattaché les grandes transgressions marines, comme d'immenses marées, à de longues périodes précessionnelles ou lunaires. Ou encore, on a remarqué que, si la Terre contenait des parties en ignition, celles-ci devaient être soumises à des flux et reflux internes : d'où coïncidence présumée des éruptions volcaniques, des tremblements de terre, des coups de grisou, etc., avec certaines positions relatives de la Terre, de la Lune et du Soleil. Depuis que les taches solaires sont à la mode, c'est à elles que l'on attribue volontiers le même rôle, etc., etc. Toutes ces idées offrent un intérêt. Si quelques-unes d'entre elles paraissent démenties par l'observation géologique, comme la variation trop considérable de l'axe terrestre ou l'influence de l'excentricité sur les glaciers, d'autres sont certainement plausibles. J'ajoute même que les plus belles découvertes du siècle prochain en géologie, les plus suggestives, sont peut-être à faire dans cette voie. Mais ces grandes questions ne sont pas mûres ; nous manquons absolument, pour les résoudre, de ces longs catalogues d'observations, que le temps seul pourra fournir et, en attendant, la plus simple réserve scientifique nous commande de reconnaître, dans cet ordre d'idées, notre complète ignorance.

C'est cependant par des rapprochements astronomiques de ce genre et par eux seuls que l'on doit espérer un jour, comme je vais le dire, arriver à calculer en années ces périodes géologiques, dont nous nous contentons jusque là d'enregistrer la série chronologique.

Évaluation des périodes géologiques en années. — Nous avons vu comment on divisait l'histoire de la Terre en une soixantaine de périodes principales en se fondant le plus possible sur les transformations des animaux marins à modifications rapides et, accessoirement, sur les incidents les plus marquants relatifs à la structure terrestre. Chacune de ces périodes étant caractérisée par sa faune, et l'uniformité de la faune sur toutes les parties de la Terre dans les périodes les plus anciennes étant, jusqu'à nouvel ordre, considérée comme un fait expérimental, on a ainsi le moyen de rattacher à une période déterminée chacun des terrains que l'on rencontre en un point quelconque et, par conséquent, de dater aussi les mouvements divers dont ces terrains peuvent porter l'empreinte. Mais, à cette chronologie, toute empirique, il manque une échelle fixe et des termes de comparaison équidistants.

Nous pressentons, sans pouvoir d'ordinaire nous en rendre compte plus exactement, que les périodes en sont totalement inégales, étant uniquement fondées sur nos facilités plus ou moins grandes d'observation. C'est un peu comme, si, en histoire, on mettait dans un seul compartiment tout le désordre des invasions barbares, pour numéroter un peu plus tard, un à un, les ministères de la troisième République. Plus nous avançons dans l'histoire géologique, plus les restes organisés sont nombreux et leurs espèces abondantes, tant par la multiplication réelle des êtres et des espèces que par les facilités croissantes de recherches dans des terrains moins bouleversés et moins métamorphisés; plus aussi les échantillons bien conservés nous révèlent les moindres de ces détails, sur lesquels sont fondées les déterminations paléontologiques; par conséquent, plus nous sommes amenés à établir de subdivisions. J'ai déjà fait cette remarque pour le pléistocène, qui ne devrait être tout entier qu'une phase accessoire du pliocène; il est bien évident aussi que, lorsque nous attribuons au tertiaire seul un tiers des subdivisions admises dans toute la série géologique, nous nous laissons volontairement duper par cette tendance instinctive qui porte à exagérer l'importance des objets les plus voisins, au détriment des plus lointains. Mais comment échapper à une telle erreur? On a, faute d'autres moyens, supposé (ce qui est certainement inexact dans le détail, mais ce qui peut être relativement vrai en moyenne), une proportionnalité entre la durée des périodes principales et l'épaisseur des sédiments qui les représentent. Par cette méthode, Dana était arrivé à trouver 75 % pour les temps primaires contre 18,7 pour les temps secondaires et 6,2 pour les temps tertiaires[1].

Ce ne sont encore là toutefois que des durées relatives et l'on est naturellement porté à se demander si nous ne pourrions pas, en dehors de ces données astronomiques, dont j'ai montré jusqu'ici le peu de valeur, trouver, sur la Terre même, assez d'éléments pour apprécier au moins l'ordre de grandeur dont il s'agit : savoir s'il faut compter par siècles, millénaires ou milliers de siècles.

La réponse que nous sommes forcés de donner à une telle question est qu'on n'en sait absolument rien. On a proposé de prendre comme base des calculs, soit la vitesse de sédimentation, soit la vitesse d'érosion. La vitesse de sédimentation a conduit,

---

1. M. de LAPPARENT admet que le total du temps, où se sont effectués les sédiments. pourrait être compris entre 20 et 100 millions d'années.

dans certains cas, à des chiffres d'années énormes, en divisant l'épaisseur d'un terrain géologique par l'épaisseur du dépôt analogue qui peut se former aujourd'hui en une année. La vitesse d'érosion, par contre, lorsqu'on l'a appliquée au creusement des gorges du Niagara, a donné des chiffres beaucoup plus faibles qu'on ne l'aurait cru d'abord : à peine 10.000 ans depuis la retraite, en ce point, des masses glaciaires; 3,000 pour amener le tarissement futur des chutes actuelles et l'écoulement des eaux vers le golfe du Mexique.

Mais que pourrait-on en conclure, alors que l'une et l'autre force, sédimentation et érosion, ont sans doute varié, dans une proportion impossible à évaluer, d'une époque à l'autre? Le seul exposé de l'histoire géologique, qui a été fait plus haut, a montré comment la Terre avait passé, à la suite des grands plissements, par des périodes de destruction extraordinairement violentes, avec accalmie progressive par suite de la diminution croissante du relief. Il paraît bien que nous tendons aujourd'hui vers une de ces périodes d'accalmie et les apports sédimentaires doivent être parmi les plus faibles qui se soient produits pendant la durée d'un cycle géologique; de même, nos cours d'eau, étant pour la plupart arrivés à leur profil d'équilibre, n'exercent plus qu'une érosion insignifiante, sauf dans des cas très particuliers, comme celui précisément du Niagara qui a été signalé plus haut. Nous devons donc, en général, par les mesures de sédimentation actuelles, arriver à des chiffres beaucoup trop faibles ; mais de combien, on l'ignore et sommes-nous même sûrs que les plissements anciens, avec les érosions connexes, ne se soient pas produits presque insensiblement, à la façon des mouvements tectoniques réalisés aujourd'hui même dans l'écorce ?

Tout contribue à paralyser nos efforts pour établir rationnellement un calcul semblable. Les terrains représentés dans nos étages géologiques sont, en moyenne, des dépôts littoraux, ou du moins des sédiments de mers, relativement peu profondes jusqu'à un millier de mètres au maximum. Ce sont des conditions dans lesquelles la vitesse des sédimentations est, aussi bien que leur nature, essentiellement variable au même moment, suivant le sens des courants, leur vitesse, leur direction, les matériaux qu'ils rencontrent et remanient, etc..., d'un point à l'autre de nos rivages. Il n'a pu manquer d'en être de même à toutes les époques géologiques. Les seuls terrains, pour lesquels on concevrait à la rigueur une certaine constance dans la vitesse de formation, ceux des grandes profondeurs océaniques, font à peu près défaut dans nos sédiments : soit, comme on l'a supposé, parce que ces grandes profondeurs sont toujours restées à la même place et

demeurent encore immergées; soit peut-être parce
que ces dépôts, particulièrement lents à se former
et, dès lors, très minces, nous échappent dans la
grande masse des formations littorales.

Nous ne voyons donc, en résumé, aucune base
sérieuse, pour apprécier en années les périodes
géologiques et il en sera sans doute ainsi jusqu'au
jour où l'on aura trouvé, dans l'un ou l'autre des
traits astronomiques auxquels j'ai fait allusion plus
haut, la solution rêvée du problème. La seule chose
que l'on puisse dire avec quelque vraisemblance est
que les périodes géologiques ont dû être très longues, non pas assurément au point où on l'a supposé jadis quand on abusait de l'actualisme, mais
pourtant de plus en plus longues à mesure que l'on
remonte le cours des âges. Pour la dernière de toutes, celle qui commence avec l'apparition de
l'homme, rien ne nous force à compter par chiffres
plus forts que par dizaines de milliers d'années;
mais j'ai déjà dit combien cette période semblait
avoir été brève en regard des précédentes, non
seulement parce qu'elle a réalisé une proportion
infime de sédiments avec des mouvements de la
surface presque insignifiants (ce qu'on pourrait à la
rigueur attribuer à une stabilité croissante de
l'écorce), mais aussi parce qu'il ne semble s'y être
produit aucune variation sensible des espèces
marines.

Or c'est, sans doute, un cercle vicieux d'admettre d'abord l'évolution, avec sa lenteur d'action te le qu'on la conçoit aujourd'hui, pour en conclure la durée des périodes géologiques; mais pourtant cette idée de transformisme, sous une forme ou sous une autre, est si bien assise dans nos esprits et si propre à coordonner les observations qu'il est difficile de n'en pas tenir compte. Si quelques dizaines de milliers d'années n'ont pas suffi à modifier le moindre mollusque pendant le pléistocène, combien en a-t-il pu falloir pour transformer une lingule en un vertébré? Et, d'autre part, les kilomètres d'épaisseur, par lesquels il faut compter souvent nos terrains primaires, des kilomètres de sédiments vaseux, c'est-à-dire de dépôts tranquilles et tous pareils entre eux, impliquent également des durées très considérables, quoique, je le répète, ils échappent, même de la façon la plus approximative, à nos tentatives de calculs.

CHAPITRE VIII

Le présent et l'avenir de la Terre.

Les mouvements actuels de l'écorce. — Plages soulevées. —
Tremblements de terre. — Les transformations futures.

Mouvements actuels de l'écorce. — Les temps géologiques ne sont pas terminés et, quoique assurément l'apparition d'un être aussi perfectionné, aux organes aussi sensibles et aussi délicats que l'homme, ait dû nécessiter des conditions assez spéciales dans l'histoire terrestre, c'est une vanité un peu puérile de s'imaginer que, le jour où cet homme est né, toutes les conditions physiques de l'univers se sont trouvées du même coup transformées.

On a longtemps méconnu cette notion et les anciens traités de géologie portent encore la trace de cette coupure fondamentale, qui laissait supposer le quaternaire (commencé avec l'homme) totalement différent des trois périodes antérieures.

Nous avons rompu cette barrière artificielle et l'ancien quaternaire a été remis à son rang de courte subdivision en prenant le nom de pléistocène, qui l'assimile aux autres étages du tertiaire, éocène, oligocène, miocène ou pliocène. En même temps, nous avons constaté, par des observations de plus en plus nombreuses et de plus en plus précises, que les mouvements de l'écorce, très visibles dans les périodes précédentes parce que nous en mesurons d'un seul coup tous les effets totalisés, se poursuivent encore autour de nous, que la forme des terres et des mers continue à se modifier, que la surface des eaux se déplace.

Pratiquement, cela se résume dans ce fait, longtemps nié, mais aujourd'hui à peu près incontestable, que des modifications ont eu lieu dans le niveau de certaines mers depuis la période historique et même depuis la durée très courte (deux siècles à peine) des véritables observations scientifiques. Quand quelques siècles auront encore passé, avec tous les moyens dont nous disposons aujourd'hui pour enregistrer, soit la forme des terrains, soit le niveau des mers sur un rivage, soit l'altitude absolue d'un point, les remarques de ce genre ne pourront manquer de se généraliser et leur coordination conduira sans doute à des résultats, à des lois d'ensemble, dont nous ne soupçonnons pas encore la portée. Mais le principe lui-même

peut être admis déjà avec certitude et c'est un
point essentiel à retenir pour nos théories.

Ces déplacements actuels de l'écorce, si nous
laissons de côté les phénomènes volcaniques qui
peuvent prêter à discussion, se classent en deux
catégories, également à rapprocher des plissements
anciens: 1° mouvements lents, dont l'indice le plus
net est dans ce qu'on appelle les plages soulevées
et 2° mouvements brusques, par saccades, par
tassements, dont les tremblements de terre sont la
manifestation superficielle la plus caractéristique.

En ce qui concerne d'abord les mouvements
lents, on a discuté les observations relatives à la
mer Baltique, dont le niveau s'est sensiblement
déplacé depuis deux siècles, en remarquant que
c'était là un simple lac à niveau variable alimenté
par des cours d'eau et vidé dans la mer du Nord;
mais on ne peut nier la présence des terrasses
marines à 200 mètres d'altitude sur les côtes de
Scandinavie, à 330 mètres du côté du Labrador; il
est impossible également de contester l'inclinaison
prise, dans la région des grands lacs américains,
par des dépôts récents d'abord horizontaux et, de
toutes façons, on arrive, pour la période contem-
poraine, à l'idée d'une émersion progressive, qui
doit affecter ces deux continents boréaux si anciennement consolidés, si stables d'apparence et où
aucun phénomène volcanique ne peut intervenir.

Inversement, les fjords, qui ont été des vallées d'érosion creusées à l'air libre avant l'invasion des glaces, prouvent, dans ces mêmes régions, un mouvement de submersion plus ancien ; et l'on a donc là, dans la période très courte du pléistocène, l'indice de ces mouvements tour à tour descendants et ascendants, que nous constatons par la géologie dans les temps anciens et qui nous étonnent alors par des alternatives réitérées de submersion et d'émersion, avec dislocations et discordances connexes des dépôts.

Quant aux tremblements de terre, que l'on expliquait autrefois par des explosions de vapeur d'eau interne ou même par l'intervention directe des masses fluides ignées formant le noyau de la planète, (sans parler de toutes les vagues théories où on les rattachait à la course de la lune et du soleil, aux étoiles filantes, etc.), il est maintenant bien démontré que leur centre d'ébranlement est d'ordinaire à 7 ou 8 kilomètres, jamais à plus de 30 kilomètres de la surface : par conséquent, loin de la zone où, en dehors du volcanisme auquel les tremblements de terre ne sont nullement liés, la fluidité interne doit normalement intervenir. On paraît avoir constaté également que les aires de foyers sismiques, indépendantes dans une certaine mesure des zones volcaniques, correspondent d'ordinaire aux zones géosynclinales de grandes profondeurs marines[1]. Et, d'autre part, les dénivellations observées dans certains cas, les caractères mêmes du phénomène ont fait supposer assez logiquement qu'il pouvait y avoir là l'indice d'un déplacement vertical, d'une rupture d'équilibre, analogues à ceux que, dans le passé, étudie notre tectonique : que les tremblements de terre constituaient, en un mot, une phase dans la formation des chaînes montagneuses.

Donc « la géologie continue » et, sauf l'évolution dont nous avons cherché précédemment à analyser les lois, il est vraisemblable qu'elle continuera longtemps encore, analogue à ce qu'elle a été dans le passé, avec des récurrences ramenant tour à tour les mêmes cycles de phénomènes. On peut donc se hasarder sans trop de folie à chercher dans quel sens se produiront peut-être les transformations de l'avenir.

Les transformations futures. — D'après l'enseignement que nous fournit le passé, nous sommes alors tentés de prendre notre point de comparaison dans l'ère hercynienne aujourd'hui terminée, pour en conclure l'achèvement encore incomplet des mouvements alpins et nous pouvons ainsi nous

---

1. De Montessus de Ballore. *Les Tremblements de Terre*, 1906. Quelques restrictions seraient à faire à la façon trop absolue dont la théorie a été présentée.

imaginer vivre dans une ère équivalente à la fin du trias ou au commencement du jurassique. Les grands plissements, qui ont fait surgir toutes les chaines, à la fois les plus récentes et les plus hautes du globe, les Alpes, le Caucase, l'Himalaya, les Andes, paraissent terminés ; l'intensité première des érosions, qui, à la fin du pliocène et au début du pléistocène, a exercé, sur ces chaînes plissées, de tels ravages, transporté de tels cubes d'alluvions et, si profondément, si largement entamé les terrains pour assurer le libre écoulement des eaux avec tendance à un profil d'équilibre des eaux, est à peu près close ; l'activité volcanique elle-même est infiniment moindre qu'elle ne l'a été pendant le pliocène. Nous sommes, selon toute apparence, dans une phase d'accalmie et il est possible que cette phase se prolonge encore longtemps, achevant d'user les montagnes, de supprimer les barrages ou les cascades, de régler le cours des torrents, de combler les lacs, de démolir les falaises, de pulvériser les galets sur nos côtes, d'accumuler les vases dans nos estuaires, tandis qu'ailleurs s'édifient les récifs coralliens, ou que, dans le fond des eaux, s'accumulent, en sédiments calcaires ou siliceux, les coquilles et les spicules.

Mais il n'y a, comme nous l'avons vu, aucune raison pour supposer que les mouvements du passé ne se reproduiront pas dans le futur et pour attribuer à l'écorce terrestre une définitive stabilité, dont elle ne donne nullement l'impression quand on l'étudie. On peut imaginer, au contraire, que, dans nos régions européennes, l'espace resté libre pour les plissements entre les massifs consolidés de l'Europe centrale et le massif également résistant de l'Afrique centrale, peuvent subir, suivant la zone méditerranéenne, des plissements analogues à ceux qui, plus au Nord et plus au Sud, se sont déjà produits dans un espace de plus en plus resserré aux diverses phases de l'histoire géologique et dont le dernier a fait surgir les Alpes avec tous leurs rameaux.

On aperçoit également aussitôt deux zones faibles de l'écorce terrestre, qui sembleraient prédestinées à former des géosynclinaux futurs et, ultérieurement, des chaines plissées. Ce sont ces deux lignes de rupture marquées : l'une, par cette série d'évents volcaniques qui jalonnent l'axe de l'Atlantique; l'autre, par l'effondrement linéaire des grands lacs africains. Et il serait de même logique de supposer un accroissement des deux continents asiatiques et européens dans le sens du Pacifique par la formation au large de nouvelles rides montagneuses, venant reproduire parallèlement celles qui, dans les mêmes régions, ont déjà surgi à l'époque tertiaire, etc., etc.

Dans presque tous ces cas, l'induction, uniquement fondée sur les observations géologiques, trouve sa confirmation dans la position des aires sismiques, supposées naturellement en rapport avec les zones instables du globe. Il faut cependant remarquer que la ligne des lacs africains, dont le dessin est déjà très ancien et celle de l'axe atlantique semblent faire exception, comme si, dans ces cas particuliers, la formation de la chaîne plissée avait avorté ou n'avait pas encore atteint la phase des tassements sismiques.

Il convient également d'observer que l'on ne doit pas exagérer outre mesure la différence de stabilité entre les voussoirs consolidés et les zones faibles de la Terre. Sans doute, l'épaisseur de l'écorce n'est pas la même dans les deux cas et l'on paraît en avoir un indice (entre beaucoup d'autres) par les différences notables que présentent les degrés géothermiques mesurés par exemple dans les mines du Lac Supérieur ou dans les sondages d'Auvergne. Mais, comme cette épaisseur elle-même, qui est toujours très faible, ces variations doivent être restreintes et l'histoire géologique met en évidence, ainsi que nous l'avons vu déjà, la possibilité d'éclatements tout à fait imprévus, avec manifestations volcaniques connexes, au cœur même des massifs antérieurs en apparence les mieux assis[1].

En tous cas, ce ne sont là que de simples suppositions et qui pourront sembler sans danger de contradiction comme sans vérification possible, puisque, ni nous, ni les générations qui nous suivront d'ici longtemps, ne les verront, en tous cas, démenties ou réalisées. Néanmoins j'ai cru devoir les indiquer pour montrer comment, ainsi que je l'annonçais au début de ce livre, la géologie se propose, en reconstituant l'histoire du passé et déterminant les lois qui ont régi son évolution accomplie, d'appliquer ces mêmes lois (comme on peut le faire en physique, en mécanique ou en astronomie) à la prévision plus ou moins lointaine d'une évolution future.

1. Voir plus haut, page 137.

CHAPITRE IX

L'histoire de la vie sur la Terre.

L'influence des théories philosophiques sur la coordination des résultats paléontologiques. — **La période de Cuvier.** — **La période de Darwin.** — **Les idées actuelles.** — **La loi générale de l'évolution et ses étapes successives pour la faune et pour la flore.** — **Le sens de l'évolution future.**

But et difficultés de la paléontologie. — Nous sommes arrivés presque au terme de cet ouvrage et, contrairement à l'habitude ordinaire en géologie, j'ai négligé de nommer les subdivisions de l'histoire terrestre basées sur la transformation des êtres organisés, et j'ai à peine fait allusion de loin en loin à cette transformation même des organismes, pour ne considérer dans la Terre que le support matériel, sur lequel ce phénomène accidentel de la vie est apparu un jour et a évolué.

On aura pu s'en étonner et l'on serait surpris davantage si je laissais de côté l'histoire de la vie à la surface de la Terre, sous prétexte qu'elle joue un rôle insignifiant dans sa structure et aurait pu ne pas exister sans y introduire aucun changement appréciable.

Mais l'histoire de cette vitalité éphémère nous offre, pour une foule de raisons qu'il est inutile d'énumérer, un intérêt si essentiel, si prédominant; nous sommes si curieux de l'élucider qu'à la plupart des esprits le problème se pose, au contraire, inversement et que l'histoire toute matérielle des déformations terrestres apparaît un simple moyen de reconstituer avec précision l'histoire de la vie.

La science, qui étudie cette histoire, est la paléontologie. Sa méthode peut s'exposer en deux mots: elle consiste, ayant classé les sédiments d'après leur ordre de superposition et, par conséquent, d'après leur âge relatif, à recueillir, déterminer et grouper les restes organiques conservés dans chacun d'entre eux, en les comparant avec les espèces encore vivantes, pour en déduire les lois, suivant lesquelles s'est opérée la transformation des êtres au cours des âges.

Si, du premier jour au dernier, nous possédions un spécimen de tous les êtres qui ont vécu, dans un état de conservation tel que l'on put en analyser la structure et en déterminer le mode de vie, le problème posé serait relativement facile à résoudre. Mais en pratique, il n'en est point ainsi; le

nombre des types qui sont parvenus jusqu'à nous
est infime, les conditions nécessaires pour qu'un
débris organisé se soit perpétué ayant toujours été
très spéciales. Sauf dans les étages récents, dont
nous possédons dans une certaine mesure la forme
continentale, les êtres anciens n'ont pu être sauvés
que lorsqu'ils vivaient dans les eaux ou au voisinage
des eaux ; les espèces terrestres des périodes un
peu anciennes nous sont donc extrêmement mal
connues, ce qui contribue sans doute à nous en
faire retarder l'apparition et diminuer l'importance.
Enfin, plus nous reculons dans le passé, plus nous
nous trouvons en présence de sédiments qui ont
des chances pour avoir subi un métamorphisme,
une recristallisation, dans lesquels tous leurs restes
organisés ont disparu, plus les faunes et les flores
sont donc insuffisamment représentées et il arrive
très vite un moment où la faune tout entière
disparait, où l'âge et l'ordre de succession des
terrains nous échappent, où brusquement nous
tombons dans la nuit la plus absolue, non
parce qu'aucun être organisé n'a vécu avant cette
période, mais parce qu'aucun n'a pu nous être
conservé.

Ainsi donc, de tous côtés, des hiatus, des lacunes,
des commencements de séries soudain interrom-
pues, des types dépareillés sans transitions et sans
sutures et, au début, jusqu'à une certaine période

que l'on a appelée précambrienne, le néant complet : voilà ce que nous offre la paléontologie.

Il faut ajouter que la distinction des espèces et la classification des êtres organisés sont, même lorsqu'il s'agit des êtres vivants, chose bien délicate, conventionnelle et abandonnée au libre arbitre, à la théorie préconçue du savant ; à plus forte raison quand on n'a plus, comme matériaux d'études, que des parties osseuses, des squelettes, des carapaces ou des empreintes. En trouvant, comme cela arrive, vingt formes juxtaposées de coquilles analogues dans un même dépôt où elles ont manifestement vécu ensemble, tel paléontologue croira, ce semble avec raison, devoir ranger le tout dans la même espèce ; en rencontrant des formes beaucoup plus assimilables dans des étages différents, tel autre en fera des espèces diverses. Si les gisements étaient suffisamment nombreux, une observation compenserait l'autre ; quand ils sont rares, l'objection subsiste et la détermination paléontologique, qui devrait être le point de départ de la classification stratigraphique, en devient alors quelquefois, par un cercle vicieux presque fatal, la conséquence.

C'est pourquoi, en présence de telles difficultés inhérentes au sujet même, ceux qui ont voulu reconstituer l'histoire des êtres ont presque toujours suivi plus ou moins implicitement un chemin inverse de celui qu'aurait commandé la saine logique.

Au lieu d'étudier sans idée préconçue la série paléontologique pour chercher seulement dans les sciences biologiques et embryogéniques des points de comparaison et en conclure finalement une théorie philosophique, la thèse philosophique a d'ordinaire servi de base aux biologues et embryogénistes, qui ont interprété et, au besoin, forcé les résultats de la paléontologie pour les adapter à leur théorie et à leurs expériences. L'histoire de la vie sur la Terre s'est trouvée en grande partie écrite, non d'après les documents que sa transformation a pu laisser dans nos strates, mais d'après les conceptions inspirées par les phénomènes actuels, en essayant ultérieurement d'en retrouver l'application dans le passé.

Pendant toute la première moitié du xix* siècle, cette histoire, comme je l'ai indiqué déjà plus d'une fois, apparaissait très simple : série de créations successives, entièrement indépendantes l'une de l'autre et reconstituées de fond en comble par une « refonte » complète après autant de cataclysmes.

Puis est venue, à partir de 1859, la période darwinienne, où l'on a donné de tous les phénomènes vitaux une explication différente, mais également encore bien simpliste : chaîne continue et unique des êtres, sélectionnés peu à peu par la lutte pour la vie et les besoins de la reproduction sexuelle, avec être infime au point de départ et aboutissement, par une lignée progressive, à l'être supérieur qui est l'homme.

Mais, devant la complexité de la nature, les théories simples resteront, jusqu'au jour où la science approchera de son terme, des échafaudages provisoires, ordinairement basés sur un nombre insuffisant d'observations ; les lois simples, dont notre raison suppose l'existence, ont très peu de chances pour nous apparaître dès le premier regard jeté sur la nature. La théorie darwinienne a donc, elle aussi, passé de mode et, quoique le ferment jeté dans les esprits par le génie de Darwin reste à l'origine des théories mêmes qui la contredisent, on envisage d'ordinaire les faits tout différemment et beaucoup plus suivant la conception primitivement émise par Lamarck.

Idées actuelles sur l'évolution. — L'influence, que l'on considère aujourd'hui comme dominante, est celle du milieu. Adaptation au milieu ou réaction contre ce milieu, également provoquées par la nécessité de vivre, voilà les deux bases (un peu contradictoires, il faut le dire) de toutes les thèses actuelles, où l'on suppose les modifications de la cellule vitale ou des groupements cellulaires (des « colonies de zoonites » de M. Perrier) produites sous l'action du milieu, enregistrées par atavisme et transmises longtemps en quelque sorte à l'état potentiel, jusqu'au jour où elles entraînent un changement dans l'espèce, une phase de l'évolution. En deux mots, le besoin crée d'abord l'organe ou la faculté, qui se perpétuent ensuite longtemps par l'hérédité alors même qu'ils ne sont plus utiles.

Dans cette idée, sur laquelle je vais revenir, chaque espèce actuelle dépend donc de ses ancêtres et des conditions de vie, auxquelles ces ancêtres ont été soumis; elle est la conséquence et l'aboutissement d'un arbre généalogique, qu'il s'agit de reconstituer et tout cet arbre généalogique se reproduit, par une image de l'antique évolution infiniment accélérée, dans le développement embryogénique, où, la théorie une fois adoptée, nous pouvons espérer en surprendre le dessin général.

Cet arbre généalogique, que nous envisageons ainsi pour le cas restreint d'un être déterminé (soit en remontant par la paléontologie le chemin parcouru depuis l'extrémité d'un rameau jusqu'à la racine, soit en suivant par l'embryogénie le chemin inverse, mais toujours pour une seule traînée continue de sève), la paléontologie doit, en outre, nous permettre de le reconstituer dans toute sa complication réelle, à partir de l'origine unique ou multiple, avec son tronc peu à peu bifurqué en d'innombrables rameaux. On conçoit ainsi qu'il existe simultanément d'innombrables espèces ayant le même ancêtre, ayant évolué pendant le même temps, mais dans des conditions de vie diverses et qui peuvent être totalement différentes, en même temps que sembler représenter des phases très inégales sur cette série d'échelons mal définie que l'on appelle, par un reste de psychologie, le perfectionnement ou la supériorité; il y a, dans la famille, des cousins riches et des parents pauvres.

D'autre part, il semble difficile que plusieurs arbres généalogiques distincts aient abouti à donner deux êtres réellement identiques, puisqu'il faudrait pour cela une bien singulière coïncidence dans toutes les circonstances par lesquelles ces êtres ont été produits. Tout au plus ont-ils pu donner des êtres analogues. Mais alors, inversement, il n'y a aucune raison théorique pour que les arbres généalogiques de tous les êtres vivants convergent vers une seule racine commune, comme la plupart des théories semblent l'admettre d'une façon implicite : pour qu'il n'y ait, en résumé, qu'un seul arbre généalogique extrêmement ramifié. Quelle que soit la cause première de l'activité vitale et quelle que soit sa forme primitive, il est bien difficile d'admettre (à moins de supposer ce que, dans un autre ordre d'idées, on appellerait un fait miraculeux), que les conditions nécessaires à la production de la vie se soient réalisées une et une seule fois depuis l'origine de la Terre, ou que l'évolution, repartant par exemple de la même cellule primitive à diverses phases de l'histoire terrestre, ait toujours reproduit exactement les mêmes êtres, malgré les variations de tous genres introduites par le temps dans les milieux divers où ces êtres se développaient[1]. En ce qui concerne la première hypothèse, si essentielle à examiner soigneusement, le caractère propre d'un fait physique est de se répéter quand toutes les conditions qui l'ont déterminé se renouvellent; on doit donc, en pure logique, supposer que ces conditions matériellement nécessaires à la vie ayant dû, selon toutes vraisemblances, être réalisées à diverses reprises et, ce semble, à des époques très diverses, il a dû exister un très grand

1. C'est pourtant à quoi tendent, par exemple, les théories où l'on cherche à démontrer que la vie animale s'est toujours efforcée de maintenir certaines conditions originelles assez particulières. Mais ces conditions ne sont pourtant pas si particulières qu'elles n'aient pu et dû se trouver maintes fois réalisées, au moins localement. Imaginons, par exemple, une cellule initiale a commençant à évoluer avant le précambrien et donnant des espèces a', a'', a'''; dans n'importe laquelle des périodes suivantes, il a dû exister (ou se produire) d'autres cellules initiales, analogues ou semblables; si l'on en prend une quelconque b, en admettant même qu'elle ait été identique à a, il n'y a aucune raison pour que, commençant à évoluer plus tard et indépendamment de la première dans un milieu différent en des êtres b', b'', b'''; ces êtres b', b'', b''', se soient trouvés identiques à a', a'', a'. Voilà donc deux arbres généalogiques indépendants.

nombre de ces souches primitives, destinées à se bifurquer en évoluant. Et, si réellement la série de ces « phénomènes » originels s'est reproduite dans des périodes successives jusqu'à la nôtre, c'est encore une raison de plus pour trouver simultanément des êtres ayant un arbre généalogique différent et correspondant à des phases très inégalement avancées de l'évolution.

Enfin un caractère, auquel on tend aujourd'hui à attribuer beaucoup d'importance, est la brusquerie que pourraient accuser les faits d'évolution, tandis qu'avec Darwin on admettait autrefois uniquement des actions très lentes. On a maintenant une tendance à assimiler en quelque sorte les familles, les groupements d'individus, si vastes qu'on les suppose, à ces individus eux-mêmes. L'être, d'abord faible, grandit, arrive à une période de prospérité où il essaime et bourgeonne, puis décline et meurt. La manifestation créatrice qui, d'un être unique, fait diverger d'innombrables nouveaux êtres, ne se produit pas insensiblement, mais soudain, dans une phase propice. Les expériences récentes de M. de Vries ont donné beaucoup de crédit à la théorie, d'après laquelle les espèces attendraient ainsi longtemps une période favorable, où, tout à coup, elles donneraient naissance à une multitude d'espèces nouvelles. L'histoire paléontologique montre, en effet, que, pour chaque catégorie d'êtres, il s'est rencontré une période où ses variations étaient incessantes et multipliées, où elles donnaient lieu à quantité de catégories nouvelles; c'est l'époque où, pour les déterminations pratiques de la paléontologie, cette espèce est considérée comme caractéristique et spécialement étudiée; après quoi, dans les périodes suivantes, le nombre de ces espèces diminue, préparant ainsi la disparition totale de l'ensemble.

Il suffit de citer, comme exemples bien connus : les céphalopodes qui, pendant le silurien (4). fournissent plus de 1.600 espèces; les graptolithes, dont le silurien est également la période florissante avant leur évanouissement à la fin de cet étage; les brachiopodes, qui atteignent leur apogée en cette même fin du silurien et comptent un moment 6.000 espèces pour n'être plus représentés que par 140 aujourd'hui; les végétaux, qui, pendant la seule époque carbonifère, deviennent un moyen de diagnostic très précis pour la stratigraphie; les mammifères qui, pendant la période tertiaire, évoluent et se diversifient avec une rapidité suffisante pour permettre de dater les terrains, alors que l'évolution des faunes marines est, dans le même temps, beaucoup moindre.

On a poussé si loin cette idée qu'on a proposé d'admettre comme caractéristique du degré d'évolution et d'avancement d'un groupe, le nombre des espèces qui le constituent et leur variabilité, regardant par exemple les oiseaux, dont les espèces sont presque indiscernables, comme étant, par ce fait seul, très récemment apparus et très peu encore évolués. Il y aurait fort à dire sur cette théorie; car il faut tenir compte des nécessités du milieu, qui ont pu comporter plus ou moins de variations adaptatives, suivant que ce milieu était plus uniforme, comme l'air, ou plus changeant lui-même, comme la surface d'un continent; mais cela indique assez la tendance actuelle des idées.

La vérité est qu'à moins de faire de la psychologie, on se trouve très embarrassé, quand, cherchant un peu le fond de toutes ces explications provisoires, on se trouve en face de ces deux « tendances » contradictoires, par lesquelles on a proposé de résumer l'évolution du monde organisé : « adaptation » à un milieu défavorable avec activité ralentie et « réaction » contre lui avec activité augmentée. En l'absence de faits précis, nous ne pouvons nous empêcher de considérer le second cas comme un indice de « supériorité » et, par conséquent, comme accusant une phase plus avancée de l'évolution : celle-ci paraissant avoir pour résultat de donner à l'être organisé des facilités de plus en plus grandes pour vivre plus indépendant de son milieu, pour circuler plus libre et pour entrer davantage en possession de la nature par des organes plus subtils. Mais c'est là une simple idée préconçue, et, lorsqu'on se hasarde ainsi à procéder par induction pour reconstituer théoriquement la chaine logique des êtres organisés, en suppléant à tant de chainons manquants pour le paléontologue, on peut imaginer, sous bien d'autres formes encore, cette « supériorité » progressivement acquise. La durée de la vie, par exemple, semblerait tout d'abord à considérer, si l'on négligeait les faits d'observation et si l'on admettait que le seul but de la vie, c'est de vivre, fût-ce de la vie la plus diminuée, la plus inerte et la plus analogue à celle de la matière brute, qui réalise, elle, au plus haut point cette supériorité sur les êtres organisés de retarder, de ne pas connaitre la mort. Ou encore on pourrait envisager la perfection des sens, mais à la condition toutefois que le développement de l'un n'ait pas entrainé une atrophie pour tous les autres ; car le flair du chien de chasse, la vitesse du cheval, la vue de l'aigle, l'instinct de l'oiseau migrateur, paraitraient à un homme une compensation insuffisante s'il fallait supporter en même temps leurs autres entraves.

De toutes façons on est lancé, dans cette voie dangereuse, en pleine incertitude. Il vaut donc mieux bannir, du moins momentanément, ces mots de supériorité, de progrès, de tendance, etc., qui, tous, attribuent à la cellule ou aux groupements cellulaires une sorte d'anthropomorphisme psychique, pour se borner, tant que l'on fait de la science positive, à constater, dans la mesure où on le peut, le chemin parcouru sans prétendre le qualifier, ni juger s'il y a eu progrès ou recul. Il sera toujours temps plus tard, quand nous aborderons délibérément un autre domaine, d'apprécier, comme il nous conviendra, le sens du chemin parcouru par les êtres divers et surtout par celui d'entre eux que nous considérerons toujours, malgré tout, comme supérieur aux autres, afin d'en conclure le sens dans lequel doit se continuer l'évolution future.

Histoire des êtres organisés. — Parmi les récentes théories, où l'on a essayé de coordonner l'histoire du monde organisé, je choisirai pour la discuter celle de M. Quinton : théorie selon moi beaucoup trop simplificatrice, et sur bien des points contestable, mais de laquelle il peut y avoir plus d'une idée suggestive à retirer. Elle consiste, comme nous l'avons vu déjà[1], à admettre que la cellule est apparue dans un milieu marin particulièrement propice, dont la température était de 44° et la salure de 8 à 9 grammes au plus par litre (au lieu d'une concentration actuelle à 33) et que,

---

1. Voir page 237.

depuis lors, la vie animale a toujours « tendu » à maintenir dans chaque être le milieu marin originel commun, une sorte d'aquarium « au milieu duquel vivent ces cellules » : les êtres ayant eu de plus en plus, à mesure que leur type est plus récent, la faculté de réagir au dehors contre le milieu ambiant par « réaction thermique et par écart osmotique », pour reconstituer intérieurement ce plus favorable milieu initial en acquérant ainsi une vie plus accélérée. Les faits positifs, sur lesquels s'appuie cette thèse, sont, en résumé, les suivants.

Tout d'abord, l'existence, dans les êtres vivants, du milieu salin plus ou moins analogue à de l'eau de mer diluée est un résultat expérimental. Par exemple, dans un homme pesant 60 kilog., il entre 20 kilog. d'eau de mer ; on peut injecter à un chien l'équivalent de son poids en eau de mer ; on peut le saigner à blanc et remplacer le sang soustrait par une quantité égale d'eau de mer ; on peut enfin faire vivre, dans l'eau de mer, les globules blancs d'un animal quelconque.

Puis, si l'on prend les animaux dans l'ordre de leur apparition, on trouve : chez les invertébrés, jusqu'à 33 grammes de chlorures ; chez les poissons cartilagineux (types anciens) de 16 à 22 grammes ; chez les poissons osseux (types plus récents) de 9 à 11 ; chez les poissons d'eau douce et les vertébrés terrestres de 6 à 8. Une hypothèse, que j'adopte très volontiers, y ayant été conduit de mon côté par une voie toute différente[1], mène à supposer que la salure des mers s'est progressivement accrue et l'on admet, dès lors, que les poissons les plus anciens, presque incapables de réagir contre leur milieu[2], ou, à plus forte raison, les invertébrés, dont le milieu vital est seulement le milieu extérieur pénétré en eux par osmose, se sont adaptés peu à peu à cette salure croissante, tandis que les êtres marins plus récemment formés, comme les poissons osseux, ou les ancêtres de nos vertébrés, ont acquis de plus en plus la faculté de réagir contre la concentration du milieu extérieur par un « écart osmotique », en vertu duquel ils maintenaient dans leurs tissus une salure inférieure à celle de celui-ci. Chez les êtres depuis longtemps sortis du milieu marin, comme les mammifères, on retrouverait conservée, avec une extraordinaire constance et indépendamment de toutes les circonstances extérieures, la salure originelle des mers,

---

1. Voir plus haut, page 254.

2. Cette réaction contre la salure du milieu, destinée à conserver la salure originelle, constitue « l'écart osmotique », équivalent à la réaction thermique et, comme celle-ci, progressivement accrue avec le temps, en sorte que les poissons osseux, c'est-à-dire les plus récents, arrivent à contenir seulement 9 à 11 grammes de sel dans un milieu à 33 grammes.

dans laquelle leur cellule avait trouvé les conditions les plus propices[1].

Dans cette hypothèse générale, comme dans la plupart de celles qui ont été présentées récemment, on est conduit à supposer, comme origine de la vie, des cellules indépendantes, ou symétriquement groupées suivant un principe analogue à celui de la cristallographie : quelque chose comme les protistes mono ou homo-cellulaires de Hæckel.

C'est là une supposition qu'il ne faut pas demander à la paléontologie de confirmer. J'ai déjà dit, en effet, combien l'âge plus reculé des terrains réduit leurs chances d'avoir échappé au métamorphisme, qui a pour résultat d'éliminer toute trace organisée. Tous les terrains antérieurs au précambrien (1), connus par nous jusqu'ici, ont, sans exception, pris cet aspect cristallin, qui les a fait confondre sous le nom de gneiss ou micachistes, et qui a fait quelquefois voir en eux la

1. M. Quinton s'est attaché à prouver, par le cas des cétacés, qui, suivant lui, sont des mammifères terrestres adaptés à la vie marine depuis l'éocène, que la concentration saline des mammifères terrestres éocènes ne dépassait pas beaucoup celle des mammifères actuels. C'est, pour lui, la preuve que le milieu terrestre a très peu modifié la concentration saline des vertébrés et que, par conséquent, la salure primitive des mers, dans lesquelles leurs ancêtres ont vécu, dépassait peu 7 à 8 grammes. L'ensemble de sa théorie a été très vivement combattu par M. Le Dantec.

première croûte de consolidation terrestre. Il existe
là probablement, à l'état indiscernable, les sédiments de périodes extrêmement longues, pendant
lesquelles toutes les évolutions ont pu commencer ;
mais nous n'avons le moyen d'en rien dire et,
quand même on trouverait un jour, comme on est
en droit de l'espérer, quelques sédiments non
métamorphisés avec restes organiques antérieurs
au précambrien, il est bien peu probable que
nous y rencontrions jamais la trace des êtres mous,
sans carapace et sans squelette, qui ont dû prédominer à l'origine.

Dans le précambrien lui-même (1), nous ne con-
naissons guère que quelques empreintes, probablement laissées par des annélides rampant sur la
vase molle. Mais, dès que le cambrien commence (2),
la faune dite primordiale nous offre déjà des êtres
singulièrement diversifiés et complexes : des brachiopodes, dont l'un, la lingule, s'est conservé sans
changement jusqu'à aujourd'hui ; des trilobites,
dont l'embryogénie accuse déjà une longue lignée
d'ancêtres ; des échinodermes ; des spongiaires ; des
graptolithes ; peut-être des méduses et des annélides. La faune seconde (ordovicien, 3), est principa-
lement caractérisée par l'abondance des trilobites
avec quelques céphalopodes ; mais, dès lors,
apparaissent des poissons ganoïdes et un scorpio-
nide. La faune troisième (gothlandien, 4), marque

le développement des nautilides à coquilles droites ou enroulées et des brachiopodes ; les céphalodes deviennent extrêmement nombreux ; les graptolithes disparaissent. Puis les insectes et, probablement, les batraciens se montrent dans le dévonien (10) ; les reptiles dans le carbonifère (13) ; les mammifères, sous la forme de marsupiaux, dans le trias (18) ; les oiseaux dans le jurassique supérieur (31) ; les premiers mammifères placentaires dans l'éocène (41) ; l'homme [1], dans le pléistocène (58).

Ainsi donc, milieu marin universel au début ; puis commencement de respiration aérienne avec êtres intermédiaires entre les animaux aquatiques et les animaux terrestres, tels que les poissons (Dipneustes), ayant à la fois branchies et poumons, tels surtout que les batraciens, qui commencent par les branchies de leurs ancêtres pour adopter ensuite des poumons. Les insectes et les reptiles sont les premiers êtres franchement continentaux ; des batraciens, sans doute cartilagineux au début, il y a transition aux reptiles carbonifères, dont les vertèbres, d'abord rudimentaires, se soudent peu à peu. Mais bientôt les reptiles passent eux-mêmes

1. Quoi qu'on en ait dit, l'existence de l'homme avant le pléistocène n'a jamais été démontrée : s'il a existé auparavant, comme cela est parfaitement possible, il serait singulier qu'on ne retrouvât pas un jour, dans un terrain antérieur, quelque partie de son squelette, et non pas seulement des fragments de silex plus que problématiques.

aux mammifères et aux oiseaux ; la transition des reptiles aux mammifères se fait apparemment par les théromorphes permotriasiques, qui sont des reptiles carnassiers, et par les monotrèmes, qui sont des mammifères inférieurs ; celle des reptiles aux oiseaux a lieu beaucoup plus nettement par les reptiles volants, les iguanodons, dont les membres de derrière annoncent ceux des oiseaux, les chéloniens (tortues), au bec corné comme celui des oiseaux et, comme dernier échelon, les premiers oiseaux jurassiques, qui ont encore des dents comme les reptiles.

Enfin, les mammifères représentent un dernier groupe, très homogène dans son plan, mais très diversifié dans sa forme par suite de variations adaptatives prononcées tenant au régime alimentaire et à l'habitat ou au mode de locomotion qui en résulte. Ils commencent par les marsupiaux triasiques (18), dont quelques descendants subsistent encore ; puis, très longtemps après, dans l'éocène (41), apparaissent les mammifères proprement dits ou placentaires, avec cinq types, dont un paraît être la souche des insectivores et des carnivores, le second des rongeurs, le troisième et le quatrième des ongulés, le cinquième des lémuriens, puis des simiens. Le système dentaire, qui, on le sait, est, pour toute cette catégorie d'animaux, l'élément le plus caractéristique, où s'accuse le mieux la différenciation, a, en même temps, permis d'établir, entre les espèces, des rapprochements et des séries, chaque jour complétés par des découvertes nouvelles, que sont ensuite venues confirmer les corrélations entre les diverses parties du système osseux.

De même en botanique, les **végétaux inférieurs et marins**, tels que les **algues**, se montrent les premiers. Les plantes terrestres commencent seulement à la fin du silurien (4); à ce moment, les cryptogames vasculaires, végétaux sans fleurs et à générations alternées, prédominent. Puis vient l'ère des gymnospermes, qui commencent avec les cordaïtées du givétien (8), s'accentuent avec les ptéridospermées carbonifères (12), et deviennent prédominantes avec les cycadophytes et les conifères, du trias (17) à la fin du jurassique (31). Enfin, aussitôt avant le crétacique (32), commence l'ère des angiospermes, chez lesquels les ovules, portés par des bractées fertiles, sont mieux protégés. Ces plantes sont : d'abord, des monocotylédones (palmiers), puis des dicotylédones (majorité des arbres actuels). Les figuiers, les ormes, les platanes, les peupliers, datent du crétacé inférieur (32); les saules, les hêtres, les aulnes, les bouleaux, les magnolias, les lauriers, du cénomanien (36); les châtaigniers et les chênes peut-être du crétacé supérieur (40).

M. Zeiller a fait, en outre, remarquer avec quelle brusquerie une espèce se montre soudain par quelques échantillons clairsemés au milieu d'une flore antérieure, mais en offrant déjà tous les caractères qu'elle présentera par la suite.

Tels sont, en résumé, les faits acquis ; tel est (avec des incursions déjà plus nombreuses qu'on ne le voudrait dans l'hypothèse) le champ parcouru par la science naturelle expérimentale pour reconstituer l'histoire des êtres organisés. Si nous voulons pousser plus loin et, visant davantage le but final de toute science, dégager la loi générale de ces faits passés pour prévoir l'évolution future, nous sommes à peu près forcés d'aborder un autre domaine plus hasardeux.

Le sens possible de l'évolution future. — La série accomplie des êtres nous a conduits de proche en proche jusqu'à un être très particulier, en qui nous sommes bien forcés de reconnaître, jusqu'à nouvel ordre, sinon une nature spéciale, du moins des facultés intellectuelles, dont ni le reste du monde organisé, ni à plus forte raison le monde matériel, n'avaient encore offert l'équivalent. Les progrès de cette intelligence, qu'il faut apprécier avec des instruments nouveaux et traduire en un langage inaccoutumé, deviennent, dès lors, un élément essentiel à considérer dans la future évolution. On voudra bien m'excuser si, pour conclure, j'aborde ici une question, qui semble plutôt convenir aux rêveries un peu vagues du poète qu'à la rigoureuse logique du savant[1].

Si nous cherchons à caractériser dans son ensemble le sens général de l'évolution passée, nous sommes frappés — et ceci est encore un fait relativement précis — par la tendance croissante des êtres organisés à l'indépendance vis-à-vis de leur milieu et à la spécialisation. Cette tendance, nous l'avons considérée jusqu'ici comme le résultat d'actions matérielles, de forces physiques équilibrées, de nécessités vitales, et nous avons, autant que le langage le permet, essayé d'éviter tout ce qui aurait pu contribuer à y faire voir un effort, une volonté, un libre arbitre; mais nous n'en avons pas moins été conduits à invoquer une puissance, de plus en plus développée dans les organismes les plus récents, pour résister au milieu extérieur et reconstituer, malgré lui, un milieu intérieur plus propice à la vie de la cellule par une réaction thermique, par un écart osmotique accrus.

Reprenons maintenant l'échelle tout entière à partir du monde inorganique. Que voyons-nous dans la matière : des équilibres de forces physiques. Ces équilibres se traduisent, toutes les fois que le milieu le permet, par la forme cristalline, qui en

1. On trouvera le développement d'idées analogues dans un poème de M. Paul de Nay : *Orphée* (Lemerre. 1901).

est l'expression concrète et la synthèse et, parmi les formes cristallines, par la plus parfaite de toutes, qui est la forme centrée ou cubique. Les molécules dissymétriques s'entassent d'elles-mêmes, se groupent par des empilements à symétrie cubique ; ainsi leurs forces intérieures font équilibre aux forces externes ; ainsi, par une image qui est déjà empruntée au monde organisé, elles se trouvent résister le mieux à la destruction. C'est pourquoi, comme des êtres vivants, les cristaux, laissés dans leur liqueur mère, se nourrissent, reconstituent les parties qu'on leur enlève et cicatrisent leurs plaies.

Quand on passe au monde organisé, cette symétrie, qui était la loi essentielle, tout en subsistant, s'atténue de plus en plus, à mesure que l'évolution s'avance, et cède le premier rôle à d'autres lois. Au lieu d'un centre de symétrie, qui peut substituer dans l'être tout à fait élémentaire et à peine distinct de son milieu, l'on n'a bientôt plus qu'un axe (comme dans les rayonnés), puis seulement un plan, qui lui-même ne détermine plus que l'apparence extérieure de l'être complexe, la structure de sa périphérie, où se localise la défense contre les éléments étrangers[1]. Tandis qu'intérieurement la cellule

---

1. La sensibilité, qui permet cette défense, atteint son maximum dans l'épiderme. Nous ne sentons pas plus ce qui se passe dans notre cerveau que dans notre cœur ou notre poumon. La

garde sa forme et ses premiers groupements élémentaires dans le milieu vital, cette forme extérieure apparaît, en outre, de plus en plus compliquée par l'apparition d'organes plus multipliés. L'être vivant a acquis, par son évolution, une indépendance, qui lui permet de se déplacer, de résister, de fuir, de lutter, de réagir contre le milieu extérieur, au lieu de se soumettre, de se fondre ou de s'adapter à lui. Par cette réaction, il réussit à conserver le milieu vital nécessaire, sans être astreint, comme au début, à grouper toutes ses molécules pour la défense en un immobile polyèdre centré.

Plus l'évolution a progressé et plus nous avons vu que cette force de réaction s'est accrue. Traduite dans un autre langage, auquel, comme je l'ai dit, nous sommes nécessairement amenés, elle a pour conséquence directe cette apparence de libre arbitre, qui se manifeste déjà dans la plante poussant vers l'air libre ou se tournant vers le soleil, qui s'accentue dans les animaux et trouve enfin sa suprême expression dans l'homme. C'est dans le progrès de cette indépendance à l'égard du milieu et, par conséquent, de ce « libre arbitre », que se

sensation entre par un organe sensuel, parcourt, sans que nous en ayons conscience, quelques filets nerveux, comme des fils électriques, traverse les commutateurs du cerveau, et ses réflexes reviennent actionner au dehors d'autres organes, en redevenant, là seulement, à la périphérie, perceptibles de nouveau.

traduit la marche de l'évolution : marche qui, lorsque nous comparons l'activité d'un Platon ou d'un Phidias à l'inertie d'un cristal de pyrite, nous paraît (préjugé ou non) aboutir à une supériorité. Si la « réaction thermique » des mammifères suffit à prouver leur apparition postérieure à celle des poissons, quel pas de plus a été franchi le jour où, suivant le beau symbole des anciens, le feu du ciel a été conquis par Prométhée.

Cette « supériorité » d'une espèce sur une autre, qui n'est, en réalité, que l'expression symbolique du chemin accompli par l'évolution, toujours dans le même sens, de la plus ancienne à la plus récente, aboutit à des manifestations très diverses pour toutes ces races dont les rameaux généalogiques sont allés en divergeant. Il ne faudrait pas s'imaginer qu'elle ait partout pour expression l'intelligence ; mais, suivant toutes les voies de l'évolution, la marche d'un point à un autre s'est toujours produite dans le même sens et c'est ce sens de l'évolution que nous définissons le progrès. Toutes les espèces, quelles qu'elles soient, tendent vers la « supériorité » suivant la voie choisie et, dans une espèce, ceux qui ne se trouvent pas atteindre cette supériorité n'ont pas droit, n'ont pas possibilité de vivre : une sélection implacable les élimine.

Supériorité, je le répète, de nature bien variable

suivant les cas et suivant l'organe auquel l'espèce
a d'abord assuré la préservation de sa vie. Là, tout
en bas de la série, parmi les premiers êtres apparus
sur la Terre, nous avons des animaux dont l'effort
unique, si l'on peut appeler cela un effort, consiste
à se cacher, à se faire petit, à disparaitre, à subir
au lieu de résister, à s'adapter, à se confondre avec
le milieu extérieur : méduses transparentes comme
l'eau qui les environne, et primitifs mollusques.
Un peu plus tard, l'animal se réfugie sous une
coquille, sous une cuirasse, sous une carapace,
dont l'épaisseur s'accroît pour le protéger. Plus
tard encore, il s'enfuit et la longueur, la mobilité
de ses jambes deviennent ses éléments de progrès.
Puis il commence à se défendre et ses armes
s'aiguisent, la corne, la dent, ou la griffe. En même
temps, de plus en plus, s'ajoutent à ces moyens
tout matériels de préservation, de subsistance et
de reproduction, l'adresse, l'ingéniosité, l'initia-
tive, l'intelligence, qui permet enfin aux derniers
venus des êtres de rester à peu près nus comme
les premiers. Et, dans chaque espèce, on peut dire
que la lutte soutenue par l'individu contre l'ennemi,
avec une habileté de plus en plus grande à utiliser
ses moyens de défense, tend, comme l'élimination
des incapables par la sélection vitale, à améliorer
la race.

Mais, si ce progrès est visible dans la nature

entière, si dans les animaux mêmes il est accentué
par l'effort individuel, combien mieux encore il apparait dans l'être qui nous semble occuper aujour-
d'hui le sommet de cette échelle. Chez celui-là la
force ne réside, ni dans la cuirasse réduite à néant,
ni dans les jambes trop faibles pour s'enfuir, ni
dans les griffes ou les dents ; elle est toute dans le
cerveau, dans la faculté pensante, qui supplée à
cette incapacité matérielle du corps. L'évolution a
développé cet organe pensant au détriment de tous
les autres et, pour que l'homme vive, résiste, il
faut qu'elle le développe de plus en plus ; il faut
que l'homme trouve, dans sa seule activité céré-
brale, les moyens de se protéger contre un milieu
hostile, contre des animaux en apparence mieux
armés ; il faut qu'il aiguise, lui aussi, par l'usage,
par l'effort individuel, cette arme qui lui est
propre, comme le lion s'exerce au combat, le
chien de chasse à la découverte du gibier ou le
cheval à la course.

Pour l'homme, plus que pour tous les autres
êtres, existe cette possibilité d'aider, d'accélérer la
marche de l'évolution par cette apparente initia-
tive, qui perce déjà chez les animaux et s'accentue
de plus en plus chez ceux que nous considérons
comme les plus élevés dans la série. L'homme, qui
se conforme au plan incessamment poursuivi par
la nature, est donc celui qui s'efforce de se céré-

braliser. La loi de spécialisation, qui existe à tous les degrés de l'échelle animale, et que l'évolution a chaque jour accentuée en multipliant de plus en plus les espèces, le pousse dans ce sens. Se soumettre à son milieu, se confondre à la matière comme la méduse, ou se réfugier dans un coin de rocher, sous une cuirasse, comme la patelle, n'est plus son rôle; il ne peut plus revenir en arrière, ayant pris un autre chemin depuis l'origine des âges; cette matière, il faut au contraire qu'il s'en dégage; il faut, pour progresser au sens même de l'évolution, qu'il continue cette lutte contre la chair, dont le christianisme a formulé l'admirable loi. Sa supériorité est de penser, il faut qu'il pense; sa supériorité est de travailler, il faut qu'il travaille; sa supériorité est de chercher, il faut qu'il cherche; sa supériorité est d'aimer et de se dévouer, il faut qu'il aime et se dévoue. En le faisant, il entraine avec lui tous ceux qui l'entourent et sur lesquels son exemple peut influer; il améliore, en même temps, par l'atavisme toute sa race future. Pour lui comme pour les autres êtres, la sélection exerce sa loi fatale; ceux qui ne marchent pas en avant dans la voie où s'est engagée l'humanité, ceux qui ne s'efforcent pas, par tous leurs efforts, de devenir des « surhommes »; ceux qui vont au rebours de la loi naturelle en s'abêtissant dans la fange ou en rompant, par leur

méchanceté, ce lien d'amour sur lequel l'humanité
solidarisée fonde son plus grand espoir de sur-
vivre ; ceux-là ne méritent pas d'être au monde :
ils sont inutiles, ils sont dangereux, leur sort est
de disparaitre.

Nous voilà, ce semble, bien loin de la géologie,
et l'on cherche d'ordinaire un autre but à cette
étude stratigraphique des terrains, à cet examen
pétrographique des roches, qui furent notre point
de départ ; mais il n'était peut-être pas inutile,
comme conclusion à cette Histoire de la Terre, de
montrer que la science n'est pas nécessairement
déprimante ni démoralisante ; que, dans l'évolution,
même supposée la plus directement soumise à
l'influence du milieu, il existe un germe spiritua-
liste et que l'on peut, en regardant mieux, trouver
le motif d'un *Sursum Corda* dans le spectacle d'a-
bord écrasant de la nature.

TABLE DES MATIÈRES

CHAPITRE PREMIER

L'histoire des théories géologiques

CHAPITRE II

Principes des méthodes géologiques

CHAPITRE III

Les forces en jeu dans les transformations de la structure terrestre et leurs effets généraux

CHAPITRE IV

L'histoire de la matière terrestre

CHAPITRE V

L'histoire de la structure terrestre. Son évolution

CHAPITRE VI

L'histoire de la structure terrestre. Les récurrences

CHAPITRE VII

L'histoire des climats. — Les variations physiques et astronomiques

CHAPITRE VIII

Le présent et l'avenir de la Terre

CHAPITRE IX

L'histoire de la vie sur la Terre

1159-10-07. — Paris. — Imp. Hemmerlé et Cie.

ERNEST FLAMMARION, ÉDITEUR, 26, RUE RACINE, PARIS

BIBLIOTHÈQUE

DE

PHILOSOPHIE SCIENTIFIQUE

Collection in-18 jésus à 3 fr. 50 le volume

FÉLIX LE DANTEC (*Chargé de Cours à la Sorbonne*)
Les Influences Ancestrales

Après avoir, dans une courte introduction, mis en évidence les avantages de la narration historique des faits, l'auteur montre comment, de la seule notion de la continuité des lignées, on conclut sans peine aux principes de Lamarck et Darwin. Le premier livre de l'ouvrage est un véritable résumé de la biologie tout entière ; grâce à l'heureux emploi d'une expression nouvelle et imprévue « la canalisation du hasard », les questions les plus ardues de l'hérédité et de l'origine des espèces sont exposées avec simplicité, sans qu'il soit jamais nécessaire de faire appel à aucune connaissance spéciale ou technique...................... 1 vol. in-18.

H. POINCARÉ (*Membre de l'Institut*)
La Science et l'Hypothèse

M. POINCARÉ a réuni sous ce titre les résultats de ses réflexions sur la logique des sciences mathématiques et physiques. Dans les unes comme dans les autres, l'hypothèse a joué un grand rôle. Quelques personnes en ont voulu conclure que l'édifice scientifique est fragile ; être sceptique de cette façon, c'est encore être superficiel. Douter de tout, ou tout croire, ce sont deux solutions également commodes qui, l'une et l'autre, nous dispensent de réfléchir.

Un peu de réflexion nous montre au contraire que l'emploi de l'hypothèse est nécessaire et peut être légitime ; sans doute il est dangereux, mais ce n'est qu'une raison de plus de reconnaître avec soin les pièges auxquels le savant est exposé.

M. POINCARÉ a évité soigneusement l'emploi des formules mathematiques. Son livre pourra donc être lu par toutes les personnes cultivées ; il le sera certainement par tous ceux qui s'intéressent à la philosophie des sciences.................... 1 vol. in-18.

DASTRE (*Professeur de Physiologie à la Sorbonne*)
La Vie et la Mort

Ce livre intéressant entre tous, sera bientôt dans toutes les mains. Ce n'est plus, comme jadis, un poète ou un moraliste qui vient disserter sur la destinée humaine et développer les éternels lieux communs que comporte le sujet. L'auteur de cet ouvrage, M. DASTRE, professeur de physiologie à la Sorbonne, est l'un de nos savants les plus originaux et les plus profonds. Son livre traite des questions relatives à la Vie et à la Mort au point de vue de la philosophie et de la science. Il nous révèle qu'il y a des animaux immortels, que la mort n'a pas existé de tout temps, qu'elle est apparue à un moment du cours des temps géologiques ; que la vieillesse elle-même est une maladie qui pourrait être évitée et que la vie pourrait être plus longue sans s'accompagner de décrépitude.......................... 1 vol. in-18.

D* GUSTAVE LE BON. — **Psychologie de l'Éducation**

Ce livre a été écrit pour tous les membres de l'enseignement, et au moins autant pour les pères de famille, soucieux de l'avenir de leurs fils. Le D* LE BON s'est livré à une étude attentive du volumineux Rapport de la Commission d'enquête sur la Réforme de l'enseignement ; il en est sorti persuadé que toute la réforme n'a malheureusement tourné qu'autour d'une question de programmes ; et il craint que les programmes nouveaux n'apportent aucun remède. C'est l'esprit de l'enseignement, la méthode, qui auraient besoin d'être améliorés : « Tous les programmes sont indifférents, mais ce qui peut être bon ou mauvais, c'est la façon de s'en servir. »

Le D* LE BON estime que cette vérité élémentaire est totalement méconnue ; son livre qu'éclaire sans cesse une vue, à la fois profonde et subtile des réalités, a pour but de la faire pénétrer dans le public. « Cette réforme de l'opinion est la première qu'on doive tenter aujourd'hui. ».................. 1 vol. in-18.

FRÉDÉRIC HOUSSAY (*Professeur de Zoologie à la Sorbonne*)
Nature et Sciences naturelles

Ce nouveau livre, accessible à tous les esprits cultivés et réfléchis, a pour noyau la plus originale tentative pour montrer, dans l'édification de la science, la continuité de pensée depuis l'antiquité jusqu'à notre époque. Il contient de plus une philosophie opposant la réalité naturelle aux diverses images scientifiques que l'homme s'en est faites, images que les progrès techniques modifient beaucoup moins dans leurs traits essentiels qu'on ne le croit d'ordinaire. Toutes les théories générales y sont groupées, classées, comparées, et les grandes controverses y apparaissent comme des malentendus permanents entre les diverses sortes de pensées humaines. L'ouvrage se termine par un suggestif aperçu sur l'orientation actuelle des sciences naturelles........ 1 vol. in-18.

Dʳ J. HÉRICOURT. — Les Frontières de la Maladie

Les frontières de la maladie, ce sont les maladies de la nutrition qui commencent, s'installant de façon insidieuse et progressant insensiblement, jusqu'au moment où elles se démasqueront en troubles graves et incurables ; ce sont les infections latentes et atténuées qu'on laisse évoluer librement, et qu'on répand autour de soi, d'abord dans sa famille, et puis au dehors ; ce sont toutes les maladies qui laissent aux patients les apparences de la santé, et qui, par cela même, sont abandonnées à leur libre évolution dans leur phase maniable par l'hygiène, jusqu'à leur transformation en états graves, contre lesquels la thérapeutique est alors le plus souvent impuissante........................... 1 vol. in-18.

H. POINCARÉ (*Membre de l'Institut*)
La Valeur de la Science

Ce nouvel ouvrage de M. POINCARÉ a pour but de rechercher quelle est la véritable valeur objective de la Science ; n'est-elle, comme le prétendent ses détracteurs, qu'une accumulation d'hypothèses arbitraires, une simple règle d'action incapable de nous rien faire connaître de la réalité. On pourrait le croire à voir les capricieuses variations de la mode scientifique ; le caractère à demi conventionnel des notions les plus fondamentales, comme celles de temps et d'espace.

Un examen plus approfondi nous rassure ; il nous montre, il est vrai, que la nature des choses nous demeurera à jamais mystérieuse ; mais qu'il y a dans les rapports mutuels de ces choses inconnaissables, je ne sais quelle harmonie qui est la seule réalité objective qui nous soit accessible.

L'auteur à ce propos revient sur la question de la rotation de la Terre et fait justice de certaines légendes qui ont couru dans les journaux politiques à propos de ses idées sur le mouvement absolu. Il montre comment, malgré la relativité de l'espace, la vérité pour laquelle Galilée a souffert, reste néanmoins la vérité... 1 vol. in-18.

Dʳ GUSTAVE LE BON. — L'Évolution de la Matière

Cet ouvrage présente un intérêt scientifique et philosophique considérable. L'auteur y a développé les recherches nombreuses que sous ces titres : *La Lumière Noire, La Dématérialisation de la Matière*, etc., il a publié depuis plusieurs années. On sait qu'elles ont eu en France et surtout à l'étranger un retentissement énorme. Il a montré que, contrairement à une croyance bien des fois séculaire, la matière n'est pas éternelle et peut être détruite sans retour, qu'elle est le siège d'une énergie colossale insoupçonnée jusqu'ici et dont l'intensité est telle que la dissociation complète d'une pièce de 1 centime représenterait autant d'énergie qu'on pourrait en obtenir en brûlant 68.000 francs de houille.

Parmi ses expériences sur les diverses phases de la dématérialisation de la matière on remarquera celles où il prouve par des photographies instantanées que les produits de la dématérialisation de la matière traversent visiblement les obstacles matériels.

Les expériences sur le radium et leur analyse critique forment un des chapitres intéressants de l'ouvrage. On y voit que tous les corps de la nature possèdent les mêmes propriétés que le radium bien qu'à un degré moindre. — 1 vol. in-18 illustré de 62 gravures photographiées au laboratoire de l'auteur.

E. BOINET (*Professeur de Clinique médicale*)
Les Doctrines médicales. — Leur évolution

La nécessité d'une doctrine directrice s'impose à la médecine, qui est à la fois un art par ses applications et une science par ses moyens d'étude. Les doctrines médicales ont donc une portée pratique et théorique, et leur évolution marque les étapes de la médecine.

Le *Livre I*, consacré aux *Doctrines antiques*, se divise en six chapitres : Le *premier* comprend la *médecine sacerdotale* ; le *second chapitre* traite de la *doctrine Hippocratique* ; le *chapitre III* exposé les *rivalités de l'Ecole de Cos*, personnifiée par Hippocrate, et de *l'Ecole de Cnide* ; dans les *chapitres IV et V* se trouvent les doctrines multiples de l'*Ecole d'Alexandrie* et la *médecine* au temps *d'Aristote* ; la *doctrine de Galien* fait l'objet du *VIᵉ et dernier chapitre*.

Le *Livre II* étudie l'*alchimie* et la *doctrine chimiatrique*.

Le *Livre III* montre l'influence des progrès de l'anatomie humaine.

Le *Livre IV*, renferme l'œuvre du xixᵉ siècle illustré par trois noms français, Bichat, Claude Bernard, Pasteur.

Les idées modernes sur la maladie sont exposées dans le *Livre V*.

Le *Livre VI* est consacré aux *défenses de l'organisme*.

Le Livre VII montre l'application des doctrines modernes à la thérapeutique et à l'hygiène .... 1 vol in-18.

ÉMILE PICARD (*Membre de l'Institut, Professeur à la Sorbonne*)
La Science moderne et son état actuel

M. PICARD s'est proposé de donner, dans ce volume, une idée d'ensemble sur l'état des sciences mathématiques, physiques et naturelles dans les premières années du xxᵉ siècle. Une esquisse de l'état actuel des sciences, de leurs méthodes et de leurs tendances, précédée de remarques historiques, est susceptible de faire mieux comprendre que des dissertations abstraites ce que cherchent les savants, quelle idée on doit se faire de la science, et ce que l'on peut lui demander. On trouvera discutés dans ce volume, avec de nombreux exemples à l'appui, les divers points de vue sous lesquels on envisage aujourd'hui la notion d'explication scientifique, ainsi que le rôle des théories, sans lesquelles la science se réduit à un catalogue de faits. Ces trois cents pages forment une véritable encyclopédie, où sont condensés les résultats positifs les plus importants, en même temps qu'un livre de philosophie scientifique, où les liens qui unissent les diverses sciences sont mis en évidence .... 1 vol. in-18.

ALFRED BINET (*Directeur du Laboratoire de Psychologie à la Sorbonne*)
L'Ame et le Corps

Depuis quelques années, le vrai problème de l'âme et du corps sollicite de nouveau l'attention du monde savant. M. BINET a voulu montrer que les progrès récents de la psychologie expérimentale ont eu un retentissement sur les spéculations les plus hautes et les plus abstraites de la philosophie. L'analyse de la sensation, de l'image, de l'idée, de l'émotion, telle qu'elle résulte des travaux les plus précis, oblige à poser en termes nouveaux la distinction du physique et du mental. Les anciennes hypothèses, le matérialisme, le spiritualisme, l'idéalisme, le parallélisme, le monisme, apparaissent maintenant comme frappées d'un vice radical, et doivent faire place à une solution nouvelle, et mieux adaptée aux données les plus importantes de la science ...... 1 vol. in-18.

FÉLIX LE DANTEC (*Chargé de Cours à la Sorbonne*)
La Lutte universelle

Contrairement à Saint-Augustin qui affirme que les corps de la nature se soutiennent réciproquement et « s'aiment en quelque sorte » M. LE DANTEC prétend, dans ce nouveau livre, que l'existence même d'un corps quelconque est le résultat d'une lutte. « Etre, c'est lutter » dit-il et il ajoute aussitôt : « Vivre, c'est vaincre ». L'auteur est amené en effet à classer les corps en trois

Catégories. Il n'y a là qu'une manière nouvelle de parler, mais cette manière de parler est assez féconde pour constituer un vrai système philosophique...................................... 1 vol. in-18.

LUCIEN POINCARÉ (*Inspecteur général de l'Instruction publique*)

La Physique moderne. — Son Évolution

M. L. POINCARÉ a pensé qu'il serait utile d'écrire un livre où, tout en évitant d'insister sur les détails techniques, il ferait connaître, d'une façon aussi précise que possible, les résultats si remarquables qui, depuis une dizaine d'années, sont venus enrichir le domaine de la physique et modifier profondément les idées des philosophes aussi bien que celles des savants.... 1 vol. in-18.

L. DE LAUNAY (*Professeur à l'École des Mines*)
L'Histoire de la Terre

Ecrire un ouvrage de géologie, sans termes rébarbatifs, sans mots latins, sans énumérations fastidieuses, sans termes techniques, sans figures ; faire une *Histoire de la Terre*, qui soit, à proprement parler, une Histoire, c'est-à-dire qui raconte simplement les faits du passé dans leur succession chronologique et qui ne devienne pas, pour cela, un roman, tel est le but difficile que s'est proposé M. DE LAUNAY...................................... 1 vol. in-18.

FÉLIX LE DANTEC (*Chargé de Cours à la Sorbonne*)
L'Athéisme

Voici, nous dit l'auteur, un livre de bonne foi ; et, réellement, le ton de l'ouvrage est tel qu'on pourrait se demander, le plus souvent, si l'on est en présence d'un plaidoyer pour l'athéisme ou pour la nécessité d'une foi religieuse.

M. LE DANTEC commence par nous expliquer comment il a été amené fatalement et presque malgré lui à ses opinions philosophiques actuelles ; il ne les a pas choisies comme étant les meilleures : il les a subies pour ainsi dire et ne saurait, par conséquent, songer à les imposer aux autres. A notre époque de crise religieuse, ce livre, d'une lecture très facile, devra être dans toutes les mains...................................... 1 vol. in-18.

JULES COMBARIEU (*Chargé de cours d'Histoire musicale au Collège de France*)
La Musique. — Ses Lois et son Évolution

Dans ce travail, l'auteur s'est placé à un point de vue nouveau, qui n'est pas celui de Marx, de Gevaërt, de Riemann, et des autres grands théoriciens. M. Jules COMBARIEU ne s'est pas contenté d'exposer en langage très clair, avec exemples à l'appui, les *lois* de la musique — mécanisme du rythme, règles du contre-point, formes diverses de la composition, etc. — et de les replacer dans leur évolution historique : il les explique, en rattachant un état donné de l'art et de la théorie à l'état correspondant de la vie sociale ; de plus, il montre que la musique, tout en étant la forme la plus libre de la pensée, est en harmonie avec les lois fondamentales de la nature.. 1 vol. in-18 illustré.

Dr HÉRICOURT. — L'Hygiène moderne

Sous une forme toute nouvelle, et qui n'a rien de commun avec les traités d'hygiène classiques, toujours lourds et touffus, *L'Hygiène Moderne* du Docteur J. HÉRICOURT présente aux lecteurs du grand public un ensemble d'idées générales capables de les guider avec sûreté pour la solution de tous les problèmes concernant la conservation et la protection de leur santé.

L'hygiène de l'individu, l'hygiène de la maison et de la rue, l'hygiène des collectivités permanentes ou temporaires, y sont traitées dans leurs grandes lignes, en une série de chapitres d'une lecture attachante..................................... 1 vol. in-18.

L. POINCARÉ (*Inspecteur général de l'Instruction publique*)
L'Électricité

Dans ce nouveau volume, M. Lucien POINCARÉ étudie les modes de production et d'utilisation des courants électriques et les principales applications qui appartiennent au domaine de l'électrotechnique.

L'auteur s'adresse au public éclairé qui s'intéresse aux progrès des sciences et lui présente, sous une forme très simple et facilement accessible, un tableau fidèle de l'état actuel de l'électricité .... 1 vol. in-18.

HENRI LICHTENBERGER (*Maître de Conférences à la Sorbonne*)
L'Allemagne moderne. — Son évolution

La science allemande s'est efforcée, depuis quelques années surtout, en de nombreuses publications individuelles ou collectives, de dresser le bilan du siècle écoulé. Il a semblé qu'il pouvait être intéressant de présenter au public français, sous une forme aussi simplifiée que possible et dans un esprit de stricte impartialité, quelques-uns des résultats généraux de cette vaste enquête. Dans cet ouvrage on a donc essayé de donner, en quatre livres, un tableau sommaire de l'évolution économique, politique, intellectuelle, artistique de l'Allemagne moderne.......... 1 vol. in-18.

Dʳ GUSTAVE LE BON. — L'Évolution des Forces

Ce livre est consacré à développer les conséquences des principes exposés par Gustave Le Bon dans son ouvrage l'*Evolution de la Matière*, dont la 12ᵉ édition a paru récemment. — 1 vol. in-18 illustré de 42 figures.

GASTON BONNIER (*Membre de l'Institut, Professeur à la Sorbonne*)
Le Monde végétal

L'ouvrage que vient de rédiger M. Gaston Bonnier n'est pas, à proprement parler, un livre de Botanique.

Dans *Le Monde Végétal*, l'auteur, avant tout, expose les faits qui éclairent la philosophie des sciences naturelles ; il y passe en revue la succession des idées que les savants ont émises sur les végétaux ; il les commente et il les discute. — 1 vol. in-18 illustré de 250 figures.

ERNEST VAN BRUYSSEL (*Consul général de Belgique*)
La Vie sociale. — Ses évolutions

Ce livre expose dans son ensemble toute l'histoire de l'humanité. Il a pour but l'étude des idées sociales dès leur origine et à travers leurs évolutions, durant la succession des siècles. Ecrit largement, d'une synthèse claire et rigoureuse, il nous met, par une analyse raisonnée, en face de l'immense progrès qu'a réalisé l'esprit de l'homme dans le sens de la conquête de sa liberté matérielle et intellectuelle, simplement en exposant les faits ainsi qu'ils se sont succédé. C'est une leçon encyclopédique et à la fois un enseignement moral d'une haute portée.................... 1 vol. in-18.

ENVOI FRANCO CONTRE MANDAT OU TIMBRES-POSTE

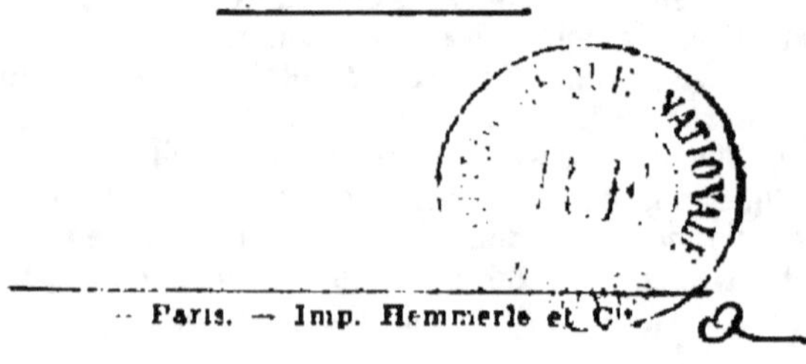

Paris. — Imp. Hemmerlé et Cⁱᵉ

www.ingramcontent.com/pod-product-compliance
Lightning Source LLC
LaVergne TN
LVHW021135050726
842519LV00002B/395